Haroun A.Mohamed

Rochas metamórficas do deserto centro-oriental, Egito

estão amplamente distribuídas por toda a área. Encontram-se geralmente como soleiras, lâminas ou lentes intercaladas com os meta-sedimentos antigos.

Kabesh et al. (1967) cartografaram a área em torno da mina de ouro de Umm Rus numa escala de 1 : 40.000. A sucessão das rochas do subsolo foi considerada essencialmente de idade pré-cambriana. Inclui rochas metamórficas e intrusivas. As rochas metamórficas são principalmente representadas por metassedimentos que representam rochas argilosas, arenáceas e calcárias originais, bem como misturas variáveis das mesmas. Seguiu-se a colocação de pequenas massas irregulares de rochas ultramáficas e básicas nestes antigos metassedimentos.

Com base no mapa geológico das rochas basais do Désert Oriental do Egito, escala 1: 1000.000 (EL-Ramly, 1972), a sequência vulcano-sedimentar da área de estudo pode ser classificada em "metassedimentos geossinclinais" e "metavulcânicas geossinclinais de Shadli". Ambos são equivalentes à "Série xisto-lama-greywacke" e à "Série metavulcânica" de EL-Ramly e Akaad (1960).

Akaad e Noweir (1980) cartografaram a área entre as latitudes 25° 35' e 26° 30' N do deserto oriental do Egito. Todas as unidades rochosas têm atribuído o seu estatuto adequado de acordo com o código de nomenclatura estratigráfica. O Grupo Abu Ziran compreende a alternância de sedimentos imaturos do tipo flysch e vulcanismo, e representa o típico preenchimento eugeossinclinal do Geossinclinal do Deserto da Arábia (ou fase de subsidência). O Grupo Abu Ziran . inclui tanto os "metassedimentos geossinclinais" como os "metavulcânicos geossinclinais" do EL -
Ramly (1972).

EL Shazly (1980) delineou um conceito platô-tectónico modificado para explicar a evolução do Pré-Cambriano no nordeste de África e no sudoeste da Ásia. Dois episódios sedimentares, dois vulcânicos e quatro plutónicos principais estão representados nestas regiões de escudo. As sequências vulcano-sedimentares da área de estudo podem ser correlacionadas com os sedimentos do subsolo primitivo e os vulcânicos do subsolo primitivo equivalentes aos sedimentos geossinclinais e vulcânicos geossinclinais principais (EL Shazly, 1964), com relações de sobreposição existentes entre estas duas unidades principais.

Shackelton et al. (1980) e Ries et al. (1983), consideraram que os metassedimentos geossinclinais estão intercalados com os metavulcânicos de Shadli e depois empurrados por serpentinitos possivelmente como soleiras, no deserto oriental central do Egito. Estes serpentinitos, segundo eles, representam uma "melange ofiolítica" que encerra enormes fragmentos da crosta oceânica, ou seja, a sequência acima é uma sequência estrutural e não estratigráfica.

EL - Bayoumi et al. (1986), consideraram a área de Wadi Mubarak como um segmento de uma extensa zona de melange opiolítica formada sobre uma margem continental consumida, que ocupa a maior parte do deserto oriental. As rochas ofiolíticas originaram-se como parte de um fundo oceânico. A crosta oceânica a leste foi subduzida sob uma margem continental consumida a oeste. A fusão formou-se num prisma acrecionário e as placas da crosta oceânica foram obduzidas na margem continental destruída. Ele também mencionou que a crosta oceânica subduzida, quando misturada com o material do manto, foi derretida e depois fraccionada em intrusões calcárias-alcalinas e finalmente alcalinas.

EL - Gaby et al. (1988), classificaram as rochas pré-cambrianas do Egito em quatro grupos principais, de acordo com as relações espaciais e temporais:

- Granitos, gnaisses e xistos pré-pan-africanos e as suas mistonitizações e remobilizações

  equivalentes,

- Ophiolites pan-africanos e conjunto de arcos de ilhas,
- Vulcânicas de Dokhan e sedimentos de Hammamat do tipo melaço,
- Conjunto de foreland de Wadi Allagi.

Segundo eles, as sequências vulcano-sedimentares das ocorrências estudadas pertencem a uma fase de arco insular e representaram um conjunto de arco insular de metavulcânicas intermédias, tufos e greywackes vulcanogénicos da orogenia pan-africana.

I.C. Âmbito do presente trabalho :

O objetivo deste trabalho é o estudo comparativo da petrologia e geoquímica de algumas rochas metamórficas do Deserto Oriental Central, e discutir a evolução das rochas metamórficas vulcano-sedimentares delineadas no Escudo Pan-Africano.

A origem do Escudo Árabe-Nubiano durante o período pan-africano continua a ser objeto de discussão. Existem essencialmente duas escolas de pensamento relativamente à sua origem. A primeira defende uma origem ensiálica intra-cratónica (Ball, 1912; Hume, 1924; EL - Shazly, 1964; Akaad e Nowair, 1969; EL - Ramly, 1972; Sabet, 1972, ... etc). O outro é um modelo tectónico de placas que sugere um ambiente insular intra-oceânico (Lotfy, et al., 1973; Garson e Shalaby, 1976; Gass, 1977; Engel et al., 1979, 1980, ... etc).

Kröner (1979), no entanto, sugeriu que a evolução crustal documentada nos reinos pan-africanos representa uma transição da tectónica de placas ensiálicas pré-cambrianas para a tectónica do Ciclo de Welson fanerozóico. A ausência de componentes siálicos nas primeiras sequências vulcano-sedimentares e a abundância de rochas ígneas alcalinas calcárias são provas do modelo não siálico.

I.D. Métodos de estudo :

Para o efeito, foram realizadas duas visitas de campo entre 1985 e 1987, foram utilizadas fotografias aéreas (escala 1:40.000) e os mapas geológicos disponíveis (escala 1:100.000). Foram recolhidos cerca de 100 espécimes de rocha de diferentes secções superficiais das sequências vulcano-sedimentares metamórficas que afloram na área do mapa (Fig. 2). Foram feitas secções finas

preparados a partir de cada amostra. A análise modal das rochas de grauvaque foi efectuada por um contador automático de pontos "Swift" com base em mil contagens. 32 amostras foram analisadas quimicamente para elementos maiores, menores e vestigiais. As amostras foram analisadas no laboratório geoquímico do Departamento de Geologia da Universidade de Minia.

O SiO_2 foi determinado gravimetricamente, o Al O_{23} , o Fe O_{23} (total), o MgO e o CaO foram determinados complexometricamente; o FeO foi determinado volumetricamente; o Na_2 O e o K_2 O foram determinados fotometricamente por chama; o TiO_2 , o MnO e o P O_{25} foram determinados fotometricamente. As determinações dos elementos vestigiais V, Cr, Cu, Co, Ni, Pb, Zn e Sr foram efectuadas por absorção atómica (modelo GSP 903).

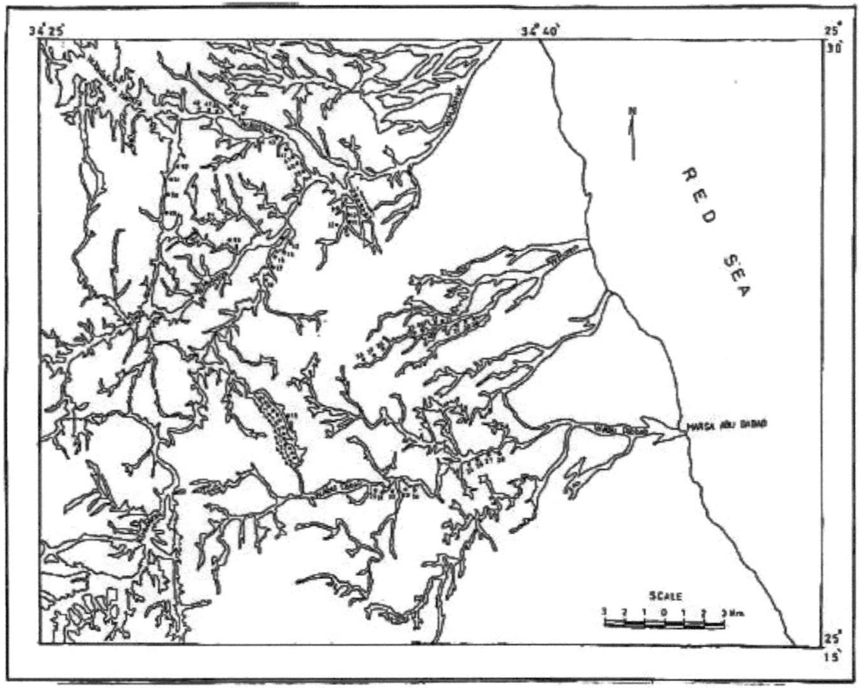

Fig. (2) DRAINAGE MAP SHOWING SAMPLE LOCATIONS, SOUTH UMM EL - RUS PLUTON, EASTERN DESERT, EGYPT.

CAPÍTULO (II)

CONTEXTO GEOLÓGICO

Com base em trabalhos de referência geológica básica anteriores (Amin, 1955), na cartografia geológica do Egyptian Geologic Survey (Igla Sheet, Escala 1 : 100.000 de Sabet et al., 1973) e nas observações de campo do autor, a área examinada é dominada por sequências vulcano-sedimentares metamórficas que representam fácies de xisto verde baixo a médio de metassedimentos imaturos e rochas vulcânicas de composição intermédia a básica. Estas sequências constituem, na sua maioria, as unidades rochosas mais antigas da área e são intrudidas por massas gabroicas e graníticas, afectando o metamorfismo local das rochas do país hospedeiro até à fácies anfibolito.

As sequências vulcano-sedimentares fazem parte de um extenso e descontínuo cinturão de tendência NNW-SSE, que se estende para norte e sul para além dos limites da área do mapa. Os metassedimentos incluem rochas altamente foliadas e xistosas (Figs. 3, 4) com um ataque regional NE-SW e mergulho SE. Perto das massas gabroicas e graníticas esta estrutura regional é desviada. Os metassedimentos incluem grandes variedades de lamitos, lamitos pedregosos, grauvaques e xistos. Estes tipos de rochas são repetidamente intercalados em escala variável e, em várias localidades, apresentam uma estrutura de leitos graduados, bem articulados e altamente deformados (Figs. 5, 6). Também se registam intercalações vulcano-clásticas de cinzas, tufos, xistos verdes e pedras verdes com relíquias de estruturas sedimentares clásticas (Fig. 7).

Os metavulcânicos são de natureza complexa. Consistem em porfiritos de meta-basalto, meta-andesite e respectivos tufos. Os pórfiros metarhiolíticos e os tufos riolíticos são subordinados em abundância na área do mapa. Os metavulcânicos estão intimamente associados aos metassedimentos. Estão intimamente relacionados com os xistos cloríticos, tremolíticos e talcosos das zonas superiores de Wadis Abu Dabbab, EL Murein e Abu Koshok (Figs. 8, 9, 10).

Fig. (3) Vista dos metassedimentos foliados a norte de Wadi Mubarak, olhando para NW.

Fig. (4) Foliação e xistosidade nos xistos ao longo de Wadi Mubarak, olhando para N 30° W.

Fig. (5) Vista de diferentes conjuntos de juntas verticais nos xistos ao longo de Wadi Mubarak, olhando para W.

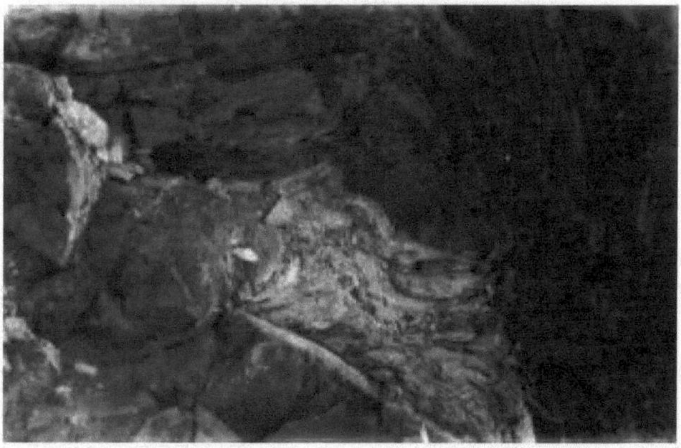

Fig. (6) Vista de metassedimentos altamente deformados em direção a Bir Um Huwitat ao longo de Wadi Mubarak,
A olhar para W.

Fig. (7) Vista de xistos verdes foliados no lado esquerdo de Wadi Mubarak, olhando para E.

Fig. (8) Estrutura tipo almofada em metavulcânicas perto da massa granítica de Kadabora, olhando para E.

Fig. (9) Vista geral da região montanhosa de metavolcânicas ao longo de Wadi Koshok e
Kadabora, olhando para SE.

Fig. (10) Vista de metavolcânicas ao longo de Wadi Koshok, olhando para NW.

Serpentinitos, talco-tremolito-carbonato, e corpos de talco-magnesite de forma lenticular estão muito abundantes na área do mapa. O tamanho destes corpos varia consideravelmente, desde alguns metros até cerca de 3 quilómetros de comprimento, e geralmente estão em conformidade com a xistosidade local da sequência vulcânica-sedimentar envolvente (Figs. 11,12). Ao longo dos corpos de serpentinitos estendem-se estreitas camadas de metassedimentos foliados, indicando a relação intrusiva dos corpos de serpentinitos com as suas rochas hospedeiras (Amin, 1955). As observações de campo do autor confirmam a relação íntima entre serpentinitos, metassedimentos calcpeliticos e calcpsammo-peliticos e metavulcânicas máficas.

Os gabros formam uma série de rochas magmáticas intrudidas nas rochas metamorfoseadas do lençol de Igla. Todos estes gabros sofreram diferentes graus de metamorfismo. Metagabro indiferenciado a metadiorito; metagabro ofiolítico, metagabro intrusivo a metadiorito; e rochas gabrosas mais jovens (olivina gabro, norito e troctolito) foram registadas no complexo basal do deserto oriental no mapa geológico do Egito, escala 1: 500.000 e elaporadas pela Conoco Coral (Cairo, 1983).

A intrusão de gabro mais jovem de Umm Rus dentro da área do mapa forma um corpo de forma oval em torno de uma pequena massa circular de granodiorito mais jovem (Fig. 13). A intrusão exibe um bandamento primário, com um ligeiro mergulho para sudeste (15 - 20°) devido à alternância de bandas de troctolito com outras de gabro de olivina, gabro normal e anortosito (EL-Mahallawy, 1984). As observações de campo mostraram que estes gabros estão por vezes deformados, fracturados, alterados e metamorfoseados (Fig. 14).

As rochas híbridas formam uma zona híbrida gradacional desenvolvida ao longo do contacto entre a intrusão de gabro Umm Rus e o grandiorito (Fig. 15). A zona é marcada pelo desenvolvimento de

Fig. (11) Vista das lentículas de talco - carbonato que constituem o topo do metassedimento foliado
vertentes ao longo da junção de Wadi Kadabora com Wadi Mubarak, olhando para E.

Fig. (12) Vista de corpos serpentiníticos e rochas talco-carbonatadas mostrando estrutura cavernosa,
Incrustada em serpentinito - rocha rural peridotita ao longo de Wadi Kadabora - Wadi
Cruzamento de Mubarak, olhando para W.

Fig. (13) Panorama mostrando as colinas de gabro no lado esquerdo de Wadi Koshok, olhando para NW.

Fig. (14) Contacto entre metavulcânicas (M) e metagabros alterados (G) ao longo de um plano de empuxo
no lado sul de Wadi Mubarak em direção a Bir Um Huwietat, olhando para SE.

diorito de quartzo que se transforma em diorito e ferrogabro em direção à intrusão de gabro (Kamel et al., 1983).

Fig. (15) Vista do contacto entre o grandiorito e o gabro ao longo de Wadi Koshok, olhando para NW.

O granodiorito forma uma cúpula mineralizada descrita como granito Umm Rus, bem reconhecida pela associação de veios de quartzo auríferos (Fig. 16). Xenólitos verde-acinzentados escuros de monzodiorito de quartzo são comumente encontrados na rocha. O granodiorito é de cor cinzenta, de granulado médio a grosseiro. É composto por oligoclásio, quartzo e ortoclásio, com menor quantidade de hornblenda verde e biotite.

Granitos de cores rosa e vermelha formam a massa granítica de Gebel Kadabora EL Hamra no extremo noroeste da área do mapa. Trata-se de um granito pegmatítico maciço, de grão médio a grosseiro, composto por quartzo, ortoclásio e plagioclásio albítico com grãos ferromagnesianos decompostos muito pequenos. O contacto entre a massa de granito e as rochas metamorfoseadas do campo é muito acentuado e mergulha acentuadamente para leste (Awadallah e Kamel, 1979).

Diques pós-graníticos de traquibasaltos, riodacitos e porfiritos intersectam os veios de quartzo e os anteriores diques de alpite (Figs. 17,18).

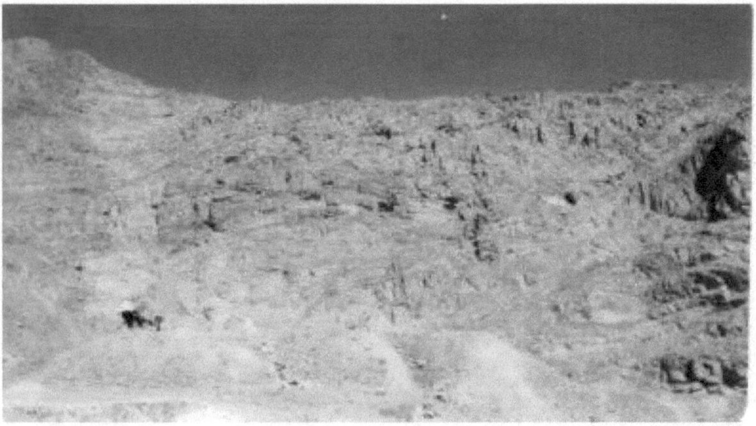

Fig. (16) Veio de quartzo aurífero na mina Umm EL - Rus, direção N.

Fig. (17) Enxame de diques paralelos na mina de ouro de Umm EL - Rus, olhando para N.

Fig. (18) Dique básico intrudido no interior da rocha granodiorítica em torno de Umm EL - Rus
mina de ouro, olhando para N.

CAPÍTULO (III)

METAGREYWACKES

III.A. Ocorrência no terreno :

Os sedimentos clásticos representam um dos tipos de rocha abundantes na área de estudo. São geralmente acinzentados-esverdeados, associados a lodos esverdeados-cinzentos subordinados. Estes metassedimentos estão expostos principalmente ao longo da parte inferior do lado sul de Wadi Mubarak. Os greywackes formam leitos de grão médio, compactos e maciços.

Os metassedimentos clásticos representam igualmente uma das formações basais a norte de Wadi Abu Dabbab. São geralmente constituídos por lamas e conglomerados de seixos, que se transformam em rochas cinzentas mais finas no topo.

As principais caraterísticas dos greywackes no Deserto Oriental foram previamente descritas por Andrew (1939), uma vez que contêm abundantes grãos de plagioclásio detrítico, material vulcânico reconhecível e grãos clásticos angulares. A presença de seixos e calhaus de diferentes rochas vulcânicas nos metassedimentos do deserto oriental foi anteriormente descrita por Amin (1955), Shukri et al. (1959), EL-Ramly e Akaad (1960), entre outros. Kamel (1977) e Niazy et al. (1984) mencionaram que os greywackes representam uma das rochas comuns entre os metassedimentos de Wadi Kareim, no deserto oriental central. Distinguiram a presença de grau de cinzento vulcânico que frequentemente se transforma em brecha vulcânica sobre o cinzento normal. Estas rochas, juntamente com outros metassedimentos associados e piroclastos, representam diferentes rochas metassedimentares e metavulcânicas de baixo grau de metamorfose regional da fácies xisto verde.

Os metagrauques estudados da área de Wadi Mubarak são bastante comparáveis a metassedimentos semelhantes noutras localidades do deserto oriental central. Contêm abundantes grãos detríticos, material vulcânico reconhecível e grãos clásticos angulares. Além disso, apresentam um acamamento graduado (Fig. 19), que é observado em várias partes de Wadi Mubarak e Wadi Murein.

Os metagreywackes estudados, no entanto, parecem ser mais afectados pelo metamorfismo regional e pela deformação tectónica que levou ao desenvolvimento da xistosidade regional das rochas do país e à formação de fracturas de cisalhamento (Fig. 20), pelo que os metagreywackes são geralmente clivados de forma achatada.

III.B. Petrografia :

As amostras estudadas foram recolhidas em intervalos regulares na área atual, uma vez que os metagrauvaques apresentam variações litológicas distintas. O exame microscópico dos grãos minerais, dos fragmentos líticos e da matriz foi efectuado em 30 amostras de mão, representadas por mais de 50 secções finas.

Os metagrauvaques são constituídos principalmente por diferentes grãos minerais e fragmentos líticos. Os fragmentos são variáveis em tamanho e forma. Estão inseridos numa matriz que contém grãos mais pequenos de composição mineral semelhante (Fig. 21).

A granulometria dos metagrauvaques varia entre 0,04 e 1-9 mm, raramente atingindo 3,3 mm, com uma granulometria média de cerca de 0,3 - 1,0 mm.

Os metagrauvaques são compostos por fragmentos líticos e grãos minerais angulares a subangulares, por vezes arredondados, mal classificados. Os fragmentos de rocha e os grãos minerais apresentam uma disposição subparalela na direção da clivagem da rocha e estão geralmente embebidos numa matriz argilosa, com clorite e sericite, que pode apresentar bandas de fluxo. O conjunto de grãos minerais e fragmentos de rocha presentes nestes metagreywackes é bastante variável.

Fig. (19) Estruturas de xistosidade e de acamamento graduado nas zonas inferiores de
Wadi Mubarak, direção N 30° W.

Fig. (20) Vista de metagreywackes fracturados e deformados, mostrando fracturas de cisalhamento, sul
lado de Wadi Mubarak, olhando para SE.

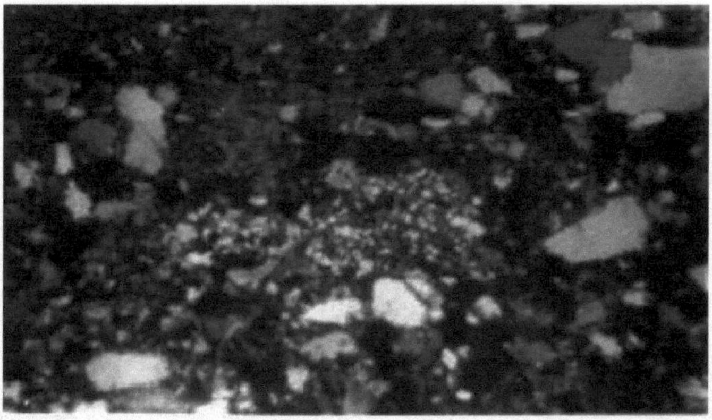

Fig. (21) Acrílico composto por quartzo, feldspato alterado, minerais de ferro e fragmentos de chert
incrustado numa matriz de composição semelhante, C.N., X-66.

B.a. Grãos minerais :

Os grãos minerais são representados principalmente por quartzo e feldspatos, enquanto os minérios de ferro, clorite, calcite e epidoto são subordinados em abundância. Não são raros os flocos de moscovite, enquanto a apatite é ocasionalmente observada como inclusão mineral.

Quartzo :

Os grãos de quartzo são angulares a subangulares com um diâmetro que varia de 0,04 a 1,9 mm. Estão normalmente fracturados e fissurados em diferentes direcções e exibem uma extinção ondulatória pronunciada (Fig. 22), como resultado dos efeitos de deformação.

Os agregados de quartzo recristalizado são comuns, os limites entre os cristais são suturados (Fig. 23), e esses cristais são geralmente interligados. Isto é caraterístico do quartzo de origem metamórfica

(Turner, 1981), e tais grãos podem ser considerados como quartzo recristalizado ou metamórfico.

Fig. (22) Grão de quartzo fracturado mostrando diferentes fissuras associadas a fragmentos de rocha na greywackes, C.N.:, X-66.

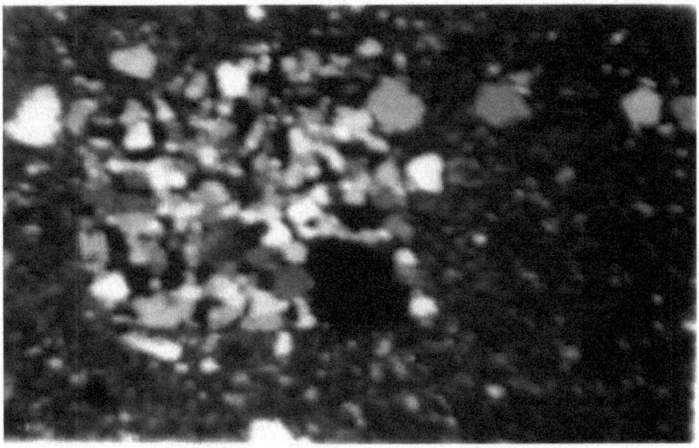

Fig. (23) Um seixo de quartizite em metagrauvaque. Os cristais de quartzo estão suturados e interligados, C.N., X-66.

Os grãos de quartzo podem também envolver placas finas de clorite, fragmentos de moscovite e, ocasionalmente, são penetrados por veios de sericite da matriz. Este quartzo representa cerca de 6 a 35%, em volume, da rocha (Tabela 1).

Feldspatos :

Os feldspatos são representados principalmente por plagioclase sódica alongada, geralmente mostrando geminação lamelar. As lamelas minerais são por vezes curvas ou dobradas (Fig. 24 a, b). O plagioclásio sódico é frequentemente intercalado com microclina para formar pertite, caracterizada pelo desenvolvimento da textura pertita.

Os feldspatos potássicos são menos abundantes. São representados por ortoclase e microclina rara. Alguns deles são turvos e até mesmo turvos devido à sua alteração irregular.

A ortoclase forma grãos subangulares caracterizados por baixo relevo e geminação simples de Carlsbad

enquanto a microclina está presente em grãos angulares a subangulares que exibem geminação cruzada.

Os feldspatos são normalmente sericitizados ou alterados para calcite. A sericite ocorre em fragmentos minúsculos como um mineral secundário formado pela sua alteração. Por vezes, os feldspatos K estão fissurados, fracturados e apresentam extinção ondulante (Fig. 25). Ocasionalmente, são penetrados por veios de clorite e muscovite. Os grãos de feldspato representam cerca de 4 a 28%, e o seu tamanho de grão varia entre 0,3 e 3,3 mm.

Minerais de Ferro-Titânio :

Os minerais de óxido de ferro e titânio são comuns nos metagregados. São representados pela magnetite, hematite e ilmenite. A magnetite é um mineral detrítico comum nas areias, estando geralmente presente sob a forma de grãos isométricos. Os octaedros de magnetite disseminada são bastante abundantes.

Fig. (24_a) Fotomicrografia de metagreywacke, composto por quartzo angular e soda
plagioclásio com geminação lamelar, C.N., X-266.

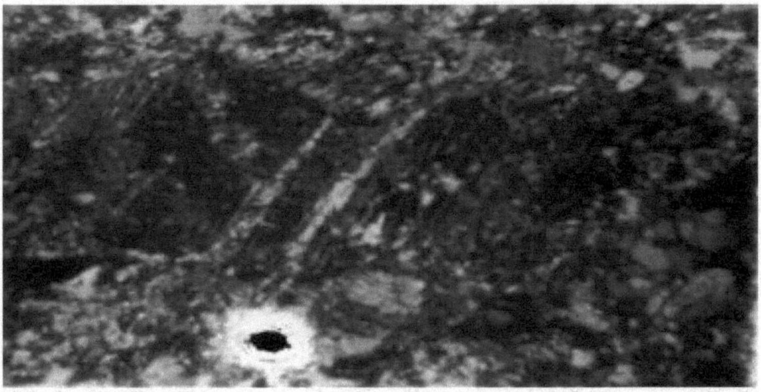

Fig. (24_b) As lamelas de plagioclásio são curvas ou dobradas no metagrewacke como resultado de
deformação, C.N., X-66.

Fig. (25) Cristal fracturado e turvo de feldspato alterado com extinção ondulatória em
greywacke, C.N., X- 66. '

A hematite encontra-se dispersa em grãos anédricos ou forma manchas dentro do material de cimentação em alguns metagregados. O mineral também está presente como veios cortando a rocha (Fig. 26).

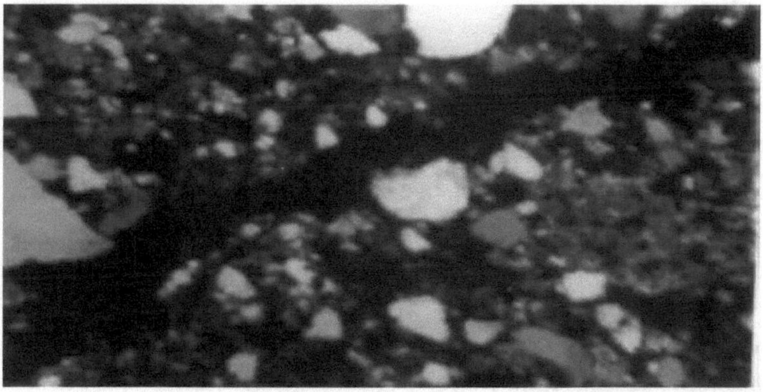

Fig. (26) Veia de hematite cortando o metagrauque, C.N., X-66.

A ilmenite é geralmente encontrada como grãos alongados subédricos de cor preta azulada. Os grãos minerais podem apresentar bordos brancos ou amarelados devido à sua alteração para leucoxeno. Por vezes, a ilmenite é observada como inclusões noutros minerais. As minas de ferro-titânio representam cerca de 5 a 15%, em volume, da rocha.

Cloritos :

Os cloritos podem ocorrer como flocos detríticos que se desenvolvem na rocha como resultado da quebra de pequenos fragmentos de rocha e da matriz de grão fino durante o metamorfismo de baixo grau. As clorites são representadas pela proclorite e pelo clinocloro. A proclorite é de cor verde e ocorre como agregados vermiculares ou flocos que formam uma parte da massa do solo. O mineral apresenta um pleocroísmo fraco e é caracterizado pela sua extinção paralela.

O clinocloro é pleocroico (esverdeado a incolor) e forma geralmente grãos tabulares e escamosos, geralmente foliados. Por vezes, as clorites estão parcialmente alteradas para moscovite. Representam cerca de 1 a 7%, em volume, da rocha.

Calcite :

A calcite forma manchas separadas na massa do solo ou preenche os espaços entre diferentes grãos. Ocorre como cristais finos e grosseiros exibindo dois conjuntos de clivagem (Fig.27). O mineral é caracterizado pela sua extinção simétrica e cintilante distinta e, por vezes, é delimitado por clorite.

A calcite parece ter origem na decomposição dos feldspatos plagioclásicos. Além disso, viens de calcite intersectam por vezes a rocha. O mineral representa entre 1 e 10%, em volume, da rocha.

Fig. (27) Cristal grosseiro de calcite com dois conjuntos de clivagem com relíquias de uma clivagem cálcica plagioclásio no metagreywacke, C.N. X-133.

Epidoto :

O epidoto é menos comum nos metagrauvaques. Representa cerca de 0,5 a 3,5%, em volume, da rocha. O mineral é caracterizado pela sua cor verde-amarelada e alto relevo. O epidoto apresenta-se sob a forma de grãos discretos ou de agregados granulares e colunares.

Micas :

As micas são representadas pela moscovite e, menos frequentemente, pela biotite. Raramente formam mais do que algumas percentagens de metagrauvaques. As micas apresentam-se sob a forma de flocos, por vezes com um alinhamento preferencial que resulta numa estrutura xistosa.

B.b. Fragmentos de rocha :

Os fragmentos de rocha são representados por clastos de rocha arredondados a subarredondados e mesmo subangulares, mal classificados, de diferentes variedades. A sua abundância varia entre 6 e 46%, por

Em termos de volume da rocha, os fragmentos de chert constituem cerca de 10%. São representados pelos seguintes tipos de rochas :

1. Quartzo e chert :

Encontram-se diferentes variedades de fragmentos de quartzo. Alguns destes clastos são compostos, e consistem em quartzo associado a calcite. Alguns deles são de facto quartzitos que apresentam uma textura em mosaico (Fig. 28). Apresentam contornos suturados e extinção ondulatória. Este quartzo é muito provavelmente de derivação metamórfica (Op. C1t.).

Os fragmentos de chert são os mais abundantes e consistem em quartzo microcristalino com finos fragmentos de moscovite rara. Estes fragmentos de chert têm uma forma variável, desde arredondados a alongados (Fig. 29 a, b).

2. Andesite :

Os fragmentos de andesito são dominantes nos metagrauvaques. São compostos por ripas de albite embebidas numa massa de clorite e sericite (Fig. 30). Os clastos de rocha podem apresentar uma textura subtraquítica. Por vezes, o mineral plagioclásio está alterado para calcite.

3. Rhyolite :

Os clastos de riolito consistem em quartzo, ortoclásio e, menos frequentemente, plagioclásio sódico. O quartzo apresenta geralmente uma extinção ondulatória. Os fragmentos riolíticos são caracterizados pela sua textura esferulítica.

4. Traquite :

Os fragmentos de traquito são compostos por ortoclásio, albite com pequenas quantidades de quartzo, clorite e raros grãos opacos de Fe-Ti

(Fig. 31). Os minerais de feldspato estão frequentemente dobrados. Os fragmentos de rocha apresentam geralmente uma textura traquítica.

Fig. (28) Fragmento de quartzo policristalino com textura em mosaico e extinção ondulatória em
greywacke, C.N., X-66.

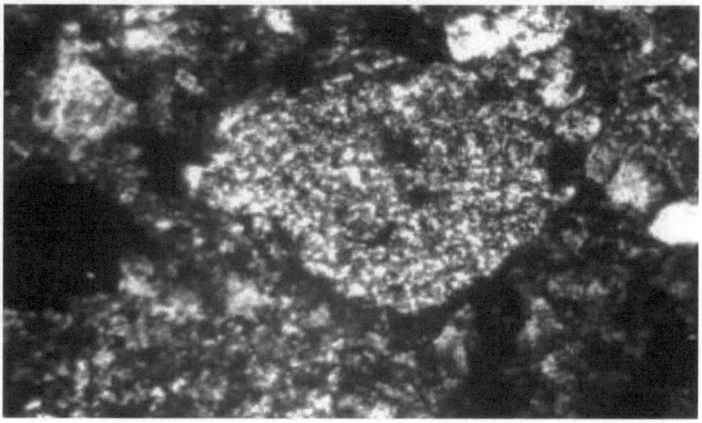

Fig. (29_a) Fragmento arredondado de chert incrustado na matriz de greywacke, C.N., X-133.

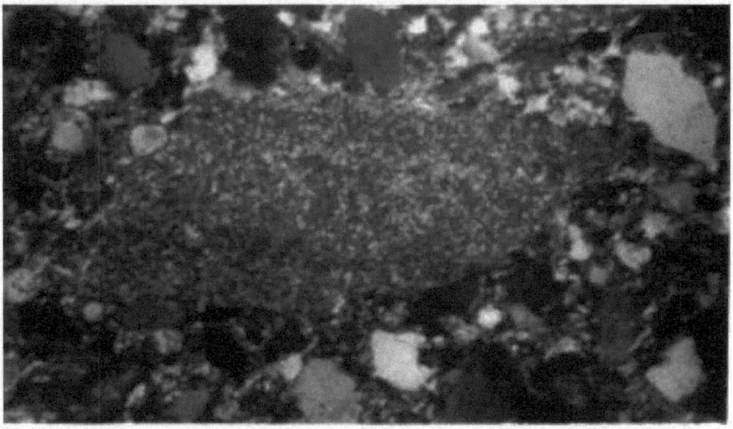

Fig. (29_b) Grauvaque com fragmentos alongados de chert, quartzo e detritos vulcânicos, C.N.,
X-66.

Fig. (30) Fragmento de andesito composto por finas ripas de plagioclásio embebidas em massa de
clorite e sericite, C.N., X-133.

Fig. (31) Fragmento de traquito apresentando texturas intersertal e traquítica em metagreywacke,
C.N., X-133.

5. Tufos :

Os clastos dos tufos são de cor cinzenta e consistem em material vítreo incorporado numa massa de solo muito mais fina. São menos abundantes nas rochas.

B.c. Matriz Metagreywacké :

A matriz dos metagrauvaques estudados é geralmente representada por um certo número de grãos minerais. Os grãos minerais são compostos por quartzo fino, feldspatos, sericite, clorite, calcite, óxidos de ferro-titânio e material argiloso. O tamanho desses componentes varia de 0,04 a 0,025 mm. A matriz representa cerca de 15 a 36%, em volume, da rocha. Todos os grãos minerais e fragmentos de rocha são compactados pela matriz e não apresentam poros ou cavidades entre eles.

A clorite e a sericite ocorrem como constituintes comuns da matriz. Os grãos minerais e os fragmentos de rocha são ocasionalmente cimentados por calcite, com pequenas manchas de hematite.

Microscopicamente, os limites dos grãos detríticos são indistintos e o conteúdo da matriz pode ser sobre-estimado. Por vezes, os componentes clásticos da matriz têm uma orientação preferencial paralela à clivagem da rocha, e os minerais cliváveis não clásticos apresentam uma estrutura de xistosidade distinta (Fig. 32), como resultado do metamorfismo regional do país.

O facto de os minerais da matriz penetrarem geralmente nos grãos clásticos, apoia a ideia de que os metagrauques estudados sofreram um certo grau de recristalização. Esta ideia é confirmada pelo carácter compacto e maciço das rochas.

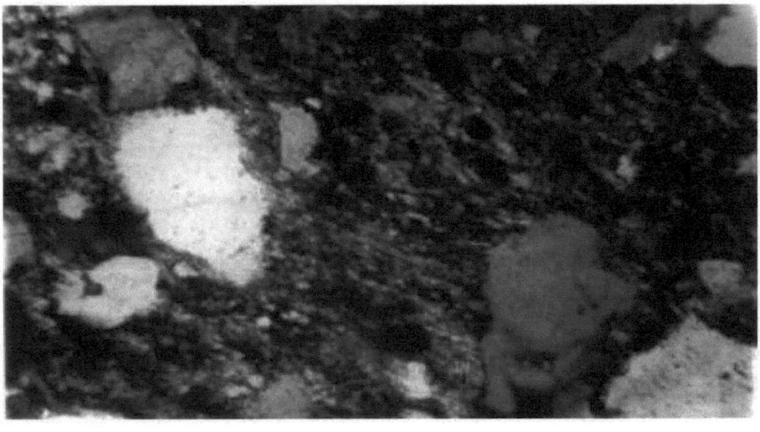

Fig. (32) Orientação preferencial dos grãos clásticos paralela à clivagem da rocha, e desenvolvimento de estrutura de xistosidade em matriz não clástica clivável do met agreywacke, C.N., X-133.

Deve também ser mencionado que o presente estudo petrográfico da área de Wadi Mubarak está em total concordância com as conclusões de Kamel (1977), e Niazy et al. (1984), da área de Wadi Kareim, de que os metagreywackes estudados contêm abundantes fragmentos de rocha polimítica e mesomítica mal classificados, indicando um transporte rápido. Os seixos e as partículas transportados mecanicamente são fragmentos relativamente frescos e representam muitas das rochas vulcânicas associadas. Estes fragmentos e grãos de rocha polimítica apontam para a deposição durante o período de subsidência intensa da bacia sedimentar, ou seja, um eugeossinclinal.

III.C. Mineralogia de enquadramento e contexto tectónico :

O conceito de tectónica de placas, associado à disponibilidade de estudar sedimentos de mar profundo, gerou um grande interesse em relacionar a composição dos arenitos com os ambientes tectónicos. A composição modal caraterística dos arenitos de diferentes ambientes tectónicos está agora bem estabelecida (Dickinson e Suczek, 1979; Volani e Maynard, 1981; Dickinson et al., 1983; Yerino e Maynard, 1984).

Para este efeito, foi calculada a composição modal de amostras selecionadas de metagreyvacké das sequências vulcano-sedimentares estudadas (Tabela 1). A Fig. (33) é o diagrama QFL para arenitos terrígenos mostrando o tipo de proveniência inferido para várias composições petrográficas (adaptado por Taylor e Mclennan 1985 de Dickinson e Suczek, 1979). Onde Q = soma de quartzo monocristalino e chert.

F = feldspatos monocristalinos.

L = fragmentos líticos.

As parcelas dos metagreywackés estudados no diagrama caracterizam principalmente as proveniências de orógenos reciclados. Os orógenos reciclados compreendem as zonas orogénicas elevadas, onde os detritos sedimentares reciclados são o componente dominante dos arenitos, incluindo as bacias de foreland que flanqueiam bacias de arco ou de colisão, bacias de zona de colisão como a Bengal Fan e complexos de subducção reciclados (Taylor et al., 1985).

Uma parte das parcelas de metagreywacké estudadas caracteriza as proveniências de arcos magmáticos dissecados. Os arcos dissecados representam arcos magmáticos mais maduros onde a erosão expôs zonas de raízes plutónicas resultando em arenitos de origem plutónica e vulcânica mista. Os ambientes deposicionais incluem bacias do ante-arco e do retro-arco, particularmente na zona continental
arcos marginais.

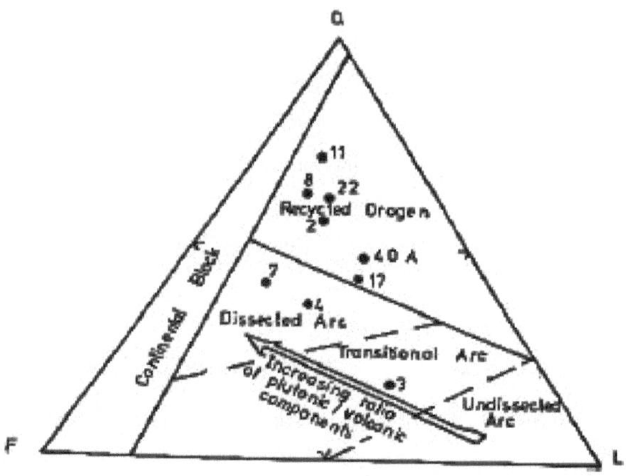

Fig. (33) Diagrama QFL para metagreywackes terrígenos mostrando os tipos de proveniência inferidos para
várias composições petrográficas. (Segundo Taylor et ar., 1985).

III.D. Geoquímica das rochas areníticas e lodosas :

Vários estudos anteriores mostraram que os arenitos de diferentes contextos tectónicos possuem uma química caraterística ((Middleton

1960; Crook 1974; Schwab 1975; Maynard et al., 1982; Bhatia 1983; Roser et al., 1986).

Middleton (1960) examinou a química dos arenitos, em termos dos modelos geossinclinais e descobriu que os greywackés eugeossinclinais eram caraterísticos com rácios K_2O/Na_2O de < 1, em contraste com rácios de > 1 em amostras de ambientes mais estáveis.

Crook (1974) dividiu os greywackes em três classes e atribuiu cada uma delas a um ambiente tectónico de placa principal.

Schwab (1975) e Maynard et al. (1982) testaram a proposta de Crook com mais dados e apoiaram o modelo.

Bhatia (1983) estudou arenitos das sequências de turbiditos paleozóicos da Austrália oriental e mostrou uma grande variação na geoquímica dos seus elementos principais, reflectindo a proveniência sedimentar distinta e as configurações tectónicas de cinco conjuntos com base na composição global.

Roser et al. (1986) mostraram que a química dos membros de grão fino de antigas séries sedimentares (siltitos, lamitos) de diferentes contextos tectónicos é tão distinta como a das areias companheiras. A sua química permite uma discriminação eficaz em três grandes categorias: margens passivas, margens continentais activas e arcos insulares magmáticos.

A composição química dos arenitos - lamas do vulcão examinado
A sequência sedimentar é aqui utilizada em reconhecimento da sua natureza e do tipo de bacia de
depoimento.

Doze amostras representativas das variedades de arenito e de lama foram analisadas quanto aos seus teores de elementos principais (Quadro

2). A composição média dos arenitos de contextos tectónicos conhecidos é também tabelada para comparação (Quadro 3, segundo Bhatia, 1983).

D.a. Geoquímica dos elementos principais :

Sílica :

O teor de sílica nos sedimentos clásticos estudados varia entre 62,18% e 80,22% com uma média de 68,87%. Esta média é mais ou menos comparável com a composição química média dos arenitos dos arcos insulares continentais activos de Bhatia (1983), que é caraterística das bacias sedimentares desenvolvidas sobre ou adjacentes a uma crosta continental espessa composta por rochas de cinturas dobradas mais antigas.

Crook (1974) dividiu os greywackes em variedades ricas em quartzo, intermédias e pobres em quartzo, com base no teor de SiO_2 , na relação K_2O/Na_2O e na proporção de quartzo nos grãos da estrutura (quadro 4).

Uma comparação entre a composição mineralógica dos arenitos cinzentos estudados (Tabela 1) e a sua composição química (Tabela 2) e as de Crook (1974) indica que o presente arenito pode ser relacionado com as variedades derivadas de margens de arcos continentais, ou seja, a margem continental ativa do maciço Arabo-Nubiano.

Alumina :

O teor de alumina dos sedimentos clásticos estudados varia entre 6,75% e 15,10% Al_2O_3 , com uma média de 11,38% que está intimamente relacionada com a média dos arenitos da margem continental ativa (12,89%).

O rácio $Al\ O_{23}$ / SiO_2 dá uma indicação do enriquecimento de quartzo nos arenitos. Em geral, há uma diminuição da relação $Al\ O_{23}$ / SiO_2 à medida que as configurações tectónicas mudam de arco insular oceânico (0,24 - 0,33) para arco continental (0,15 - 0,2), para margem continental ativa (0,1 - 0,2), para margem continental passiva ($< 0,1$), conforme decifrado com base na composição dos elementos principais do arenito (Bhatia 1983). Assim, os clásticos estudados, que têm uma média de $Al\ O_{23}$ / SiO_2 de 0,16, sobrepõem-se aos do arco continental e aos arenitos da margem continental ativa.

Titânia :

O teor de titânia dos greywackes estudados varia de 0,05 a 0,50% de TiO_2 , com uma média de 0,26, o que está mais relacionado com os arenitos da margem continental ativa.

Segundo Bhatia (1983), há uma diminuição do teor de TiO_2 à medida que as configurações tectónicas mudam do arco oceânico (0,8 - 1,41) para o arco continental (0,5 - 0,7), para a margem continental ativa (0,25 - 0,45) e para a margem continental passiva (elevado teor de Ti). O teor de titânio dos sedimentos clásticos estudados sobrepõe-se aos da margem continental ativa.

Ferro e magnésia totais :

O teor total de ferro das serapilheiras estudadas varia entre 1,57% e 7,5% de $Fe\ O_{23}$, com uma média de 6,65.

O teor de magnésia nas amostras estudadas varia entre 0,80% e 7,09% de MgO com uma média de 2,69, o que pode ser relacionado com a média dos arcos continentais (1,97%).

O ferro total como Fe O_{23} + MgO é útil como parâmetro discriminante na geoquímica dos arenitos. Bhatia (1983) afirmou que há uma diminuição progressiva do Fe O_{23} + MgO nos arenitos do arco oceânico (8 - 14%) para o arco continental (5 - 8%) para as margens continentais activas (2 - 5%) para as margens passivas. O Fe total como Fe O_{23} + MgO nos clásticos estudados é comparável ao das suites do arco continental e do arco oceânico.

Cal :

O teor de calcário nos clásticos examinados varia numa vasta gama de 1,12% a 9,18% de CaO, com uma média de 4,45%. Esta média está mais relacionada com a média dos arenitos do arco oceânico (5,83%), Tabela (3); e excede largamente as médias do arco continental (2,68%), da margem continental ativa (2,48%) e da margem passiva (1,89%).

A componente cálcica dos greywackés examinados está relacionada com a presença de feldspatos cálcicos, enquanto que a sua distribuição anómala é fortemente controlada pela presença de calcite.

Alcalinos :

O teor de soda nos clásticos estudados varia entre 0,15% e 5,53% Na_2 O, com uma média de 3,24%, o que está intimamente relacionado com a média dos arenitos do arco continental (3,12%).

O teor de potássio varia entre 0,95% e 4,68% K_2 O, com uma média de 2,47%, que está mais ou menos relacionada com a média dos arenitos do arco continental (1,89%) e dos arenitos da margem continental ativa (2,9%).

De acordo com Bhatia (1983), há um aumento de K_2O / Na_2O à medida que as configurações tectónicas mudam de arenito de arco oceânico (0,2 - 0,4) para arenito de arco continental (0,4 - 0,8) para arenito de margem continental ativa (0,8 - 1,7) para arenito de margem passiva (0,9 - 1,8). Os arenitos examinados

Os clásticos, que se caracterizam por uma média de K_2O / Na_2O de 0,76, podem ser relacionados com o conjunto de arenitos da margem continental ativa.

A composição química dos tipos comuns de arenito e a classificação em arenito maduro e imaturo também foi dada por Pettijohn et al. (1972). As rochas areníticas e lodosas estudadas ocupam o campo dos acinzentados no diagrama de variação para rochas clásticas comuns (log. Na_2O / K_2O vs log. SiO_2 / Al O_{23}), e também se estendem para o campo dos arenitos líticos ou subgreywackés (Fig. 34).

De acordo com Pettijohn et al. (1972), os greywackes são os arenitos caraterísticos das cinturas eugeossinclinais, ou seja, correspondentes a margens continentais activas.

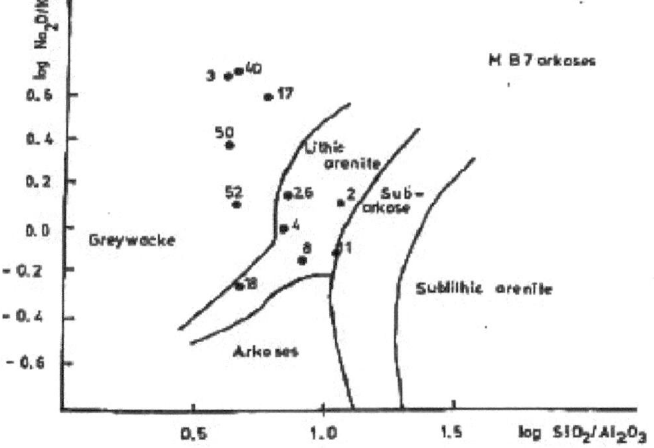

Fig. (34) Rácios SiO_2 / Al O_{23} vs Na_2 O / K_2 O de arenitos. (Segundo Pettijohn, 1963)

D.b. Geoquímica de elementos vestigiais:

Os teores de elementos vestigiais dos arenitos estudados são apresentados na Tabela (5). Como o tectonismo é o principal controlo da composição do arenito - lama, as médias de elementos vestigiais para outros arenitos de diferentes contextos tectónicos são também apresentadas para comparação (Tabela 6).

Cobre :

O teor de cobre nos greywackés estudados varia amplamente de 4 a 205 ppm, com uma média de 50 ppm Cu, que é mais ou menos comparável ao do greywacké da bacia do arco anterior (35 ppm), mas muito superior ao do greywacké do arco continental e da margem passiva.

Cobalto :

A distribuição de cobalto nos clásticos estudados varia entre 9 e 118 pm de Co, com uma média de 30 pm. Esta média excede ligeiramente as médias registadas para a bacia do arco anterior, o arco continental e a margem passiva.

Crómio :

O teor de crómio nas amostras estudadas varia amplamente entre 11 e 750 pm Cr, com um teor médio igual a 170 ppm. Esta média excede largamente todas as médias registadas (Tabela 6). No entanto, está muito mais próxima da média do arco continental (109 ppm).

Níquel:

O teor de níquel dos clásticos estudados varia no intervalo 17 - 259 ppm Ni com uma média de 68 ppm que excede largamente todas as médias registadas.

Zinco :

O teor de zinco do presente trabalho varia entre 30 e 578 ppm de Zn, com uma média de 112 ppm, que é mais ou menos comparável com o do greywacke do arco continental (95 ppm).

Chumbo :

A distribuição do chumbo nas amostras estudadas varia entre quantidades indetectáveis e 136 pm de Pb, com uma média de 34 pm que excede todas as médias registadas (4,7, 13, 16 ppm de Pb).

Vanádio :

A distribuição do vanádio nas amostras estudadas varia no intervalo 38-205 ppm V, com uma média de 98 ppm. Esta média excede a média do greywacké da margem passiva (57 ppm), mas é muito inferior à do greywacke da bacia do arco anterior e do greywacké do arco continental (150 e 172 ppm).

Estrôncio :

A tabela (5) mostra que o teor de estrôncio nos clásticos estudados varia entre 54 e 462 ppm Sr com uma média de 237 ppm. Esta média é mais ou menos comparável ao greywacké da bacia do arco anterior (266 ppm) e ao greywacké do arco continental (222 ppm).

Em geral, os elementos vestigiais nos clásticos estudados sobrepõem-se aos da bacia do arco anterior
e o greywacke do arco continental, ou seja, a bacia sedimentar adjacente aos arcos insulares formados numa crosta continental bem desenvolvida.

O enriquecimento relativo em crómio e níquel no arenito-lama estudado pode dever-se ao enriquecimento relativo em detritos vulcânicos e em epidoto como mineral acessório.

CAPÍTULO (IV)
METAVOLCÂNICOS

IV.A. Ocorrência no terreno :

Os metavulcânicos formam terrenos montanhosos moderados a relativamente altos e são de cor cinzenta escura a verde escura e mesmo preta, de grão fino e rochas maciças. Estão intimamente intercaladas com os metassedimentos ou podem formar afloramentos mapeáveis separados.

Os metavulcânicos formam normalmente diques e corpos semelhantes a soleiras, que são frequentemente concordantes com os xistos, os greywackes e os tufos. No entanto, o seu modo mais importante de ocorrência é sob a forma de intrusões menores como cinturões maciços de cor verde acinzentada e textura de grão fino (Fig. 35).

As rochas que formam estas faixas são predominantemente identificadas como meta-andesitos, metabasaltos, com dacitos menos abundantes, riodacitos e raros traquitos. Estão geralmente associadas aos seus tufos líticos paragenéticos. A abundância de sucessivos filões paralelos de xistos separados por metadoleritos ou diabásios maciços, de cor verde profunda, é uma caraterística marcante no limite norte de Gabal Kadabora (Fig. 36).

As relações de campo indicam que os metavulcânicos são contemporâneos ou mais jovens do que os metassedimentos sobre os quais geralmente se encontram. No entanto, são empurrados por corpos serpentiníticos e talco-magnesíticos mais jovens (Fig. 37a,b). São geralmente observados como picos cónicos dispersos e cristas de tendência irregular. As encostas são alongadas, íngremes e com superfícies intemperizadas de cor escura.

As rochas metavulcânicas foram anteriormente interpretadas como uma fase inicial do enchimento geossinclinal (Akaad e EL Ramly, 1960; Amin, 1955; EL - Shazly, 1964; Akaad e Noweir 1969, 1980; EL - Ramly,

1972; Sabet et al., 1973), mas mais tarde foram consideradas como formadas num arco insular ou num arco vulcânico de margem continental (Garson e Shalaby, 1976 e Engel et al., 1980).

Fig. (35) Pequena intrusão de metavolcânicas verde-escuras formando uma cintura maciça, ao longo de um afluente de Wadi Mubarak. olhando para NE

Fig. (36) Dolerito verde maciço intercalando os sucessivos cordões paralelos de xistos, ao longo de Limite norte de Gebel Kadabora, direção N.

Fig. (37_a) Diques de metavulcânicas, incluindo corpos de talco-magnesite no sul de
Lado de Wadi Mubarak na mina de talco, olhando para NW.

Fig. (37_b) Contacto entre metavulcânicas fracturadas e serpentinite ao longo de um plano de impulso,
no cruzamento Wadi Mubarak -Kadabora, direção NW.

Também ocorrem associados aos membros de complexos ultramáficos - máficos que foram interpretados como ofiolitos ou remanescentes de crosta oceânica colocados tectonicamente (Nasseef et al., 1980, Hashad e Hasan, 1979 e EL - Bayoumi, 1980).

IV.B. Petrografia :

O estudo petrográfico das rochas metavulcânicas investigadas tem como objetivo lançar luz sobre os diferentes processos geológicos de origem e colocação, e depois a sua posterior alteração e metamorfismo, manifestados pela sua composição mineral, texturas e estruturas. Trinta amostras foram selecionadas para este estudo, representadas por mais de 60 secções finas.

De acordo com a composição mineralógica e as observações de campo, os metavulcânicos podem ser diferenciados em metabasaltos, meta-andesitos, meta-dacitos, metarhiodacitos ou metatraquitos e respectivos tufos. A sua composição varia de básica a intermédia e por vezes ácida.

Texturalmente, estas rochas são caracterizadas por texturas porfiríticas, intergranulares, ofíticas-subofíticas e traquíticas. Também estão presentes texturas intersertal e variolítica. As rochas são altamente deformadas com efeitos cataclásticos, como revelam as sombras de deformação nos grãos de quartzo e a dobragem das lamelas de plagioclásio.

As rochas metavulcânicas foram sujeitas a graus fracos e moderados de metamorfismo, geralmente de fácies xisto verde. O grau de metamorfismo localmente sobe para a fácies anfibolito.

1. Meta- andesitos :

Os meta andesitos são as rochas vulcânicas mais abundantes da área estudada. As rochas são de grão fino, cinzento escuro a esverdeado, maciças e caracterizadas por texturas porfiríticas e vesiculares.

Mineralogicamente, as rochas consistem principalmente em minerais de feldspato e hornblenda, com vidro subordinado e quartzo secundário. O feldspato plagioclásio forma fenocristais de oligoclásio numa matriz traquítica, composta por microlitos com magnetite granular e vidro abundante (Fig. 38). O feldspato potássico ocorre como grãos finos embebidos na matriz rica em vidro, e carregados com óxidos de ferro.

A hornblenda forma cristais alongados, que são normalmente alterados para clorite e epidoto. A clorite é ténue e de cor verde pálida, enquanto o epidoto é verde amarelado e está associado à clinozoisite (Fig. 39). A magnetite está também presente como mineral acessório.

O quartzo secundário é representado por cristais anédricos e muito deformados que exibem uma extinção ondulante. Encontram-se também veios de calcite.

2. Metabasaltos :

Os metabasaltos são rochas afaníticas e de grão fino, maciças, de cor cinzenta escura a verde. Podem distinguir-se duas variedades de metabasaltos de acordo com o tamanho do grão. Mineralogicamente, são compostos de plagioclásio, piroxénio e olivina. São pouco comuns a barkevikite e a riebeckite

específico da variedade alcalina. O plagioclásio cálcico está presente sob a forma de cristais porfiríticos encontrados no interior da massa microcristalina.

Texturalmente, a rocha é caracterizada por texturas intergranulares, intersertal, porfirítica e amigdaloidal. A estrutura corona também é encontrada (Fig. 40).

Os cristais de plagioclásio ocorrem como feixes de labradorite exibindo geminação de albite e são de forma subbedral. Os cristais primários zonados são geralmente desenvolvidos. Os cristais de piroxénio são representados principalmente por augite, de cor verde pálida, caracterizada pelo seu alto relevo e cores de interferência.

A clorite é verde-pálida e ligeiramente pleocróica. A clino-zoisite é caracterizada pela sua cor azul

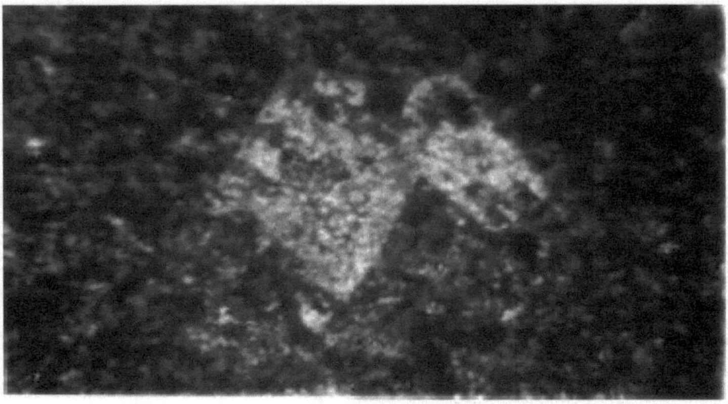

Fig. (38) Fenocristais de oligoclásio numa matriz composta por microlitos de feldspato, clorite e
epidoto com óxidos de ferro em meta-andesitos, C.N., X-133.

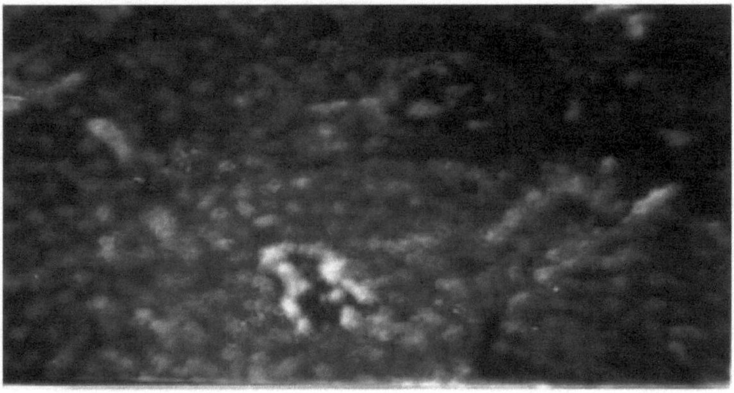

Fig. (39) Fotomicrografia de meta- andesito constituído por plagioclásio cálcico, augite e
mineral de magnetite granular com textura porfirítica, C.N., X-66.

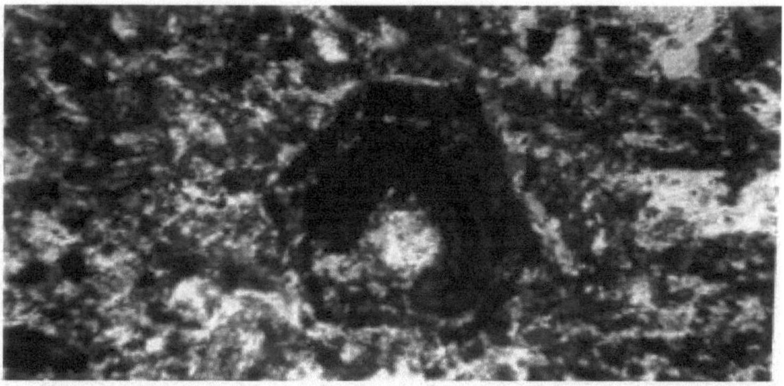

Fig. (40) Estrutura corona composta por olivina alterada e ortopiroxénio em metabasalto,
P.L. X-66.

cores de interferência e extinção oblíqua. Encontram-se por vezes hornblenda basáltica e pseudomorfos de iddingesite após olivina (Fig. 41). O esfeno também está presente como cristais subédricos e euédricos de contornos rômbicos.

Os cristais secundários de quartzo estão altamente deformados, mostrando extinção de undulose. Os óxidos de ferro estão presentes como grânulos finos distribuídos entre os minerais de olivina e piroxénio.

3. Base de dados :

Os doleritos ou diabásios metamorfoseados são de grão médio, verde-escuro, maciços e porfiríticos. São constituídos por plagioclásio cálcico, augite e minerais opacos (Fig. 42).

A augite está presente sob a forma de cristais verde-pálidos que são normalmente alterados para hornblenda. Este último mineral é caracterizado pela sua cor verde amarelada e por dois conjuntos de clivagem ($c \wedge z = 30°$). O epidoto apresenta-se como agregados colunares, enquanto a clorite forma flocos verde-pálidos, que apresentam um ligeiro pleocroísmo.

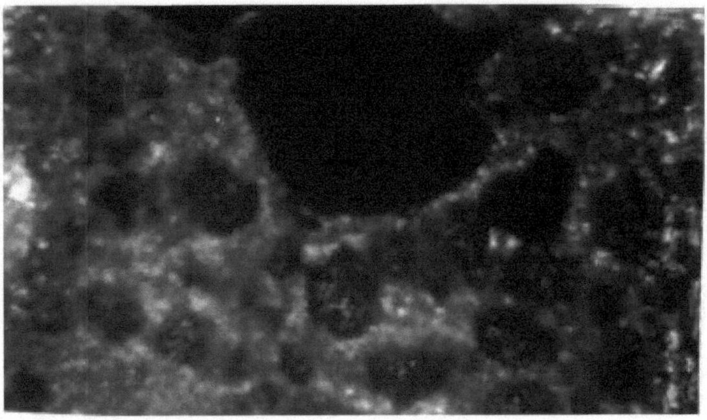

Fig. (41) O metabasalto é constituído por hornblenda basáltica, labradorite, iddingsite e olivina,
vestígios de piroxénios e distingue-se pela textura porfirítica, C.N., X-133.

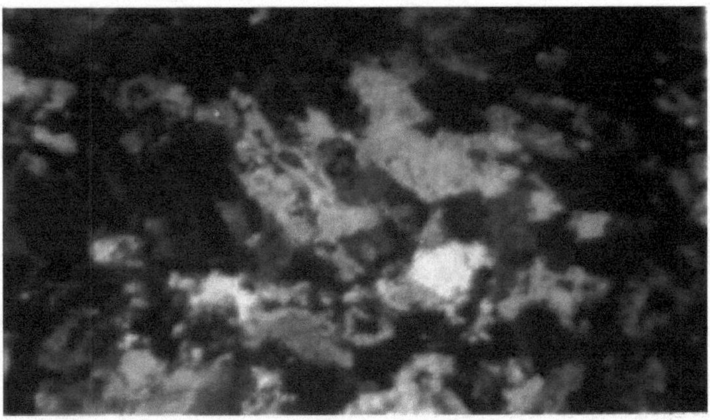

Fig. (42) A diabásio é constituída por plagioclase, augite, grânulos de magnetite e inter-
material clorítico esticial, c.N., X-66.

A plagioclase é representada pela labradorite, que exibe geminação albite e carlsbad. A rocha é submetida a efeitos de deformação. Este fenómeno é bem distinto pelo desenvolvimento da extinção da ondulose e da fissuração do mineral plagioclásio. A nível textural, as rochas são caracterizadas por texturas porfiríticas, intergranulares e ofíticas-subofíticas (Fig. 43).

O esfeno é menos comum e a magnetite está presente como acessório. As diábases são menos afectadas pelo metamorfismo regional dos metavulcânicos estudados.

4. Metadacitos :

Os metadacitos são menos comuns e são constituídos principalmente por cristais de plagioclásio e quartzo envoltos num groundnass de grão fino (Fig. 44).

O mineral plagioclásio forma cristais porfiríticos euédricos e subédricos com geminação lamelar bem definida. O quartzo forma agregados constituídos por cristais angulosos e arredondados dispersos na massa de solo. São comuns algumas fissuras, acompanhadas pelo desenvolvimento de extinção ondulante.

Uma quantidade menor de óxidos de ferro opacos está normalmente dispersa e distribuída entre os constituintes minerais.

A nível textural, a rocha é caracterizada por texturas subédricas inequigranulares e porfiríticas.

5. Metarhyodacites e/ou Metatrachytes :

Estas rochas são de cor acinzentada, duras, porfiríticas e de grão médio a grosseiro. O maciço encontra-se sempre alterado e albitizado, as rochas apresentam disposição sub-paralela dos constituintes minerais, e caracterizam-se por texturas porfiríticas, traquíticas e esferulíticas (Fig. 45).

Fig. (43) Textura intergranular em meta-dolerito, C.N., X-133.

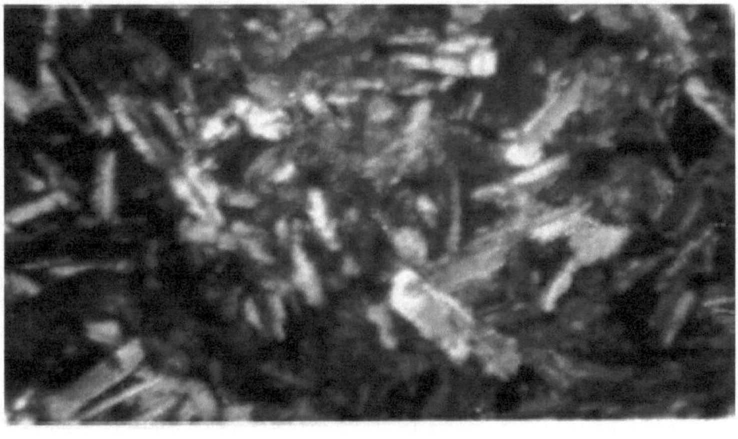

Fig. (44) Fotomicrografia mostrando meta-dacito constituído por plagioclásio euédrico, plagioclásio anédrico
quartzo encerrado em massa de solo de grão fino, C.N., X-66.

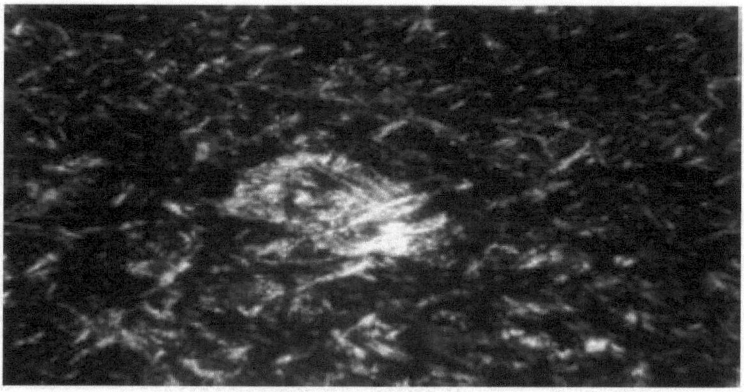

Fig. (45) Textüres porfiroblásticos e traquíticos em meta-traquito, C.N., X-6б.

Microscopicamente, seus fenocristais são principalmente de plagioclásio, que ocorre como ripas de albita, caracterizadas por geminação de albita (Fig. 46). Existem também alguns cristais euédricos de anortoclásio, caracterizados pela sua geminação simples (Fig. 47). Zeólitos e epidotos também estão presentes.

O quartzo forma grãos médios a finos, geralmente de contorno anédrico e com extinção ondulante. O mineral também ocorre em veios que cortam a rocha (Fig. 48). A hematite e o rutilo são raramente encontrados.

6. Tufos :

Os tufos são rochas piroclásticas, caracterizadas pelas suas texturas clásticas. São sedimentos fragmentários formados como resultado direto da acumulação de seixos e grãos de lapilli vulcânico. As rochas são duras, de grão grosso a médio e de cor cinzenta esverdeada a verde escura.

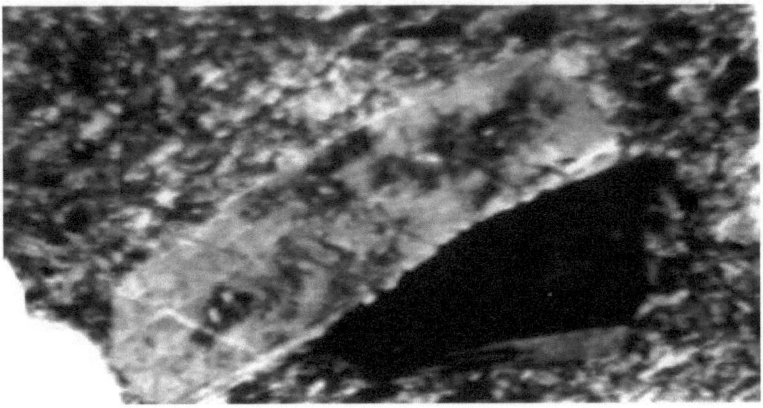

Fig. (46) Faixas de albite mostrando geminação de carlsbad e albite em meta-traquito, C.N., X-66.

Fig. (47) Fenocristais euédricos de anorthoclase em meta - traquito, exibindo geminação, C.N., X-133.

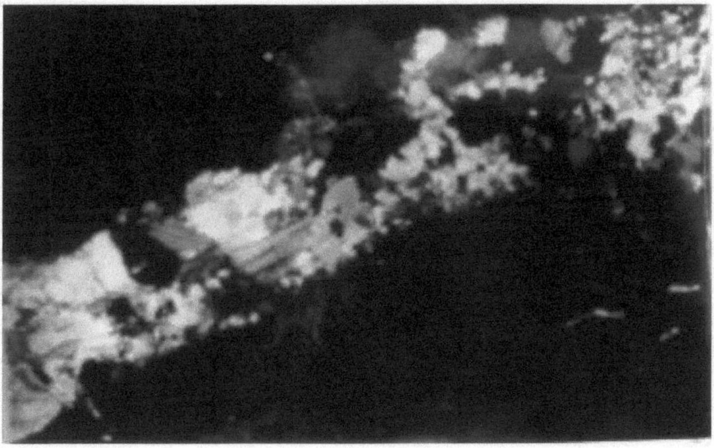

Fig. (48) Vertente de quartzo cortando a rocha traquítica, C.N., X-66.

Microscopicamente, os tufos são compostos por cristais angulares a sub-angulares e partículas de vidro mal selecionadas, embebidas numa cinza de material argiloso ou clorítico. Os cristais podem ser fissurados e consistem principalmente em grãos de quartzo, sanidina e albite que podem ser alterados para sericite (Fig. 49) numa matriz de cinzas e pó de vidro. Os fragmentos líticos (Fig. 50) são representados por chert e quartizite.

A clorite é verde-amarelada e representada principalmente por placas finas e médias de estilpnomelano. O epidoto forma cristais prismáticos curtos que são fracamente pleocróicos. Está também presente algum material grafítico.

A nível textural, a rocha é caracterizada por texturas de seixos e vitroclastos (Fig. 51). Além disso, os cristais de rocha são angulares a subangulares e mal classificados.

Fig. (49) Alteração de feldspato potássico para sericite e sanidina em tufo, C.N., X-66.

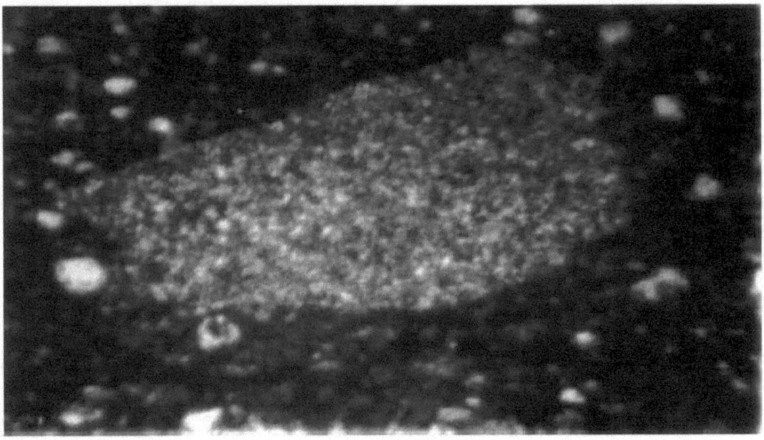

Fig. (50) Fragmentos de chert em tufo lítico, C.N., x-66.

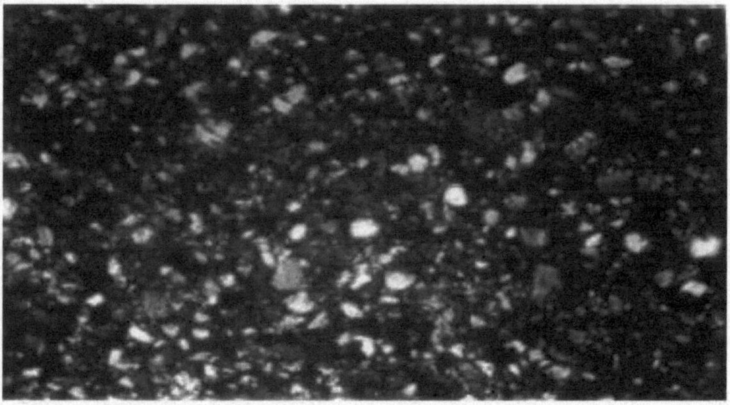

Fig. (51) Fotomicrografia de tufo de lapilli com grãos de quartzo angulares, mostrando vitroclastos
textura, C.N., X-66.

IV.C. Geoquímica dos Metavolcânicos :

Com base na identificação petrográfica, os metavulcânicos examinados nas ocorrências estudadas são classificados principalmente nos seguintes tipos: metabasalto, diabásio, meta-andesite, meta-dacite ou metatraquitos, metarhidacite e tufos equivalentes.

Foram recolhidas dez amostras representativas das rochas estudadas para análise química de elementos maiores e oligoelementos (Tabela 7,8). A sua composição normativa e os parâmetros de Niggli são apresentados nos quadros (9) e (10).

Classificação química :

Foram tentadas diferentes abordagens para classificar petroquimicamente as rochas vulcânicas analisadas:

Streckeisen (1976) :

Streckeisen tentou classificar as rochas ígneas comuns em função da sua

composição normativa. As rochas ígneas subdividem-se em 3 grandes grupos:

(I) Rochas de quartzo-feldspato;

(II) Rochas feldspáticas;

(III) Rochas feldspatóides.

Os limites entre os grandes grupos são provisoriamente fixados em quartzo normativo = 17 e nefelina = 7. Cada grande grupo é subdividido de acordo com a relação An/Or.

Os cálculos CIPW são apresentados no diagrama ortoclásio-albita - anortita (Fig. 52). As parcelas estão inseridas nos campos 3, 4, 7, 9, 10a, 10b, representando basaltos, andesitos, traquitos e dacitos. São também registados membros de transição como traquitos-andesitos e ridacitos.

Frolov e Petrov (1972) :

O Comité Petrográfico da URSS recomendou a classificação das rochas ígneas em quatro grupos: ultrabásicas (31-44% SiO_2), básicas (44-53%), intermédias (53-64%) e ácidas (64-78%); e em três séries de rochas: normais, subalcalinas e alcalinas. As rochas alcalinas devem conter minerais máficos alcalinos e feldspatóides e, se não estiverem presentes, o coeficiente agpético ($Na_2O + K_2O / Al O_{23}$ é > 1).

De acordo com o diagrama proposto por Frolova e Petrov, ($Na_2O + K_2O$ vs. SiO_2), as amostras estudadas pertencem à série normal de rochas magmáticas calcárias alcalinas e subalcalinas, representando basaltos, traquibasaltos, andesitos, traquibasitos-andesitos e vários dacitos (Fig. 53).

Diagrama AFM :

Este diagrama, proposto por Irvine e Baragar (1971), é largamente utilizado para distinguir as rochas metamorfoseadas vulcânicas e plutónicas toleíticas e calcárias alcalinas.

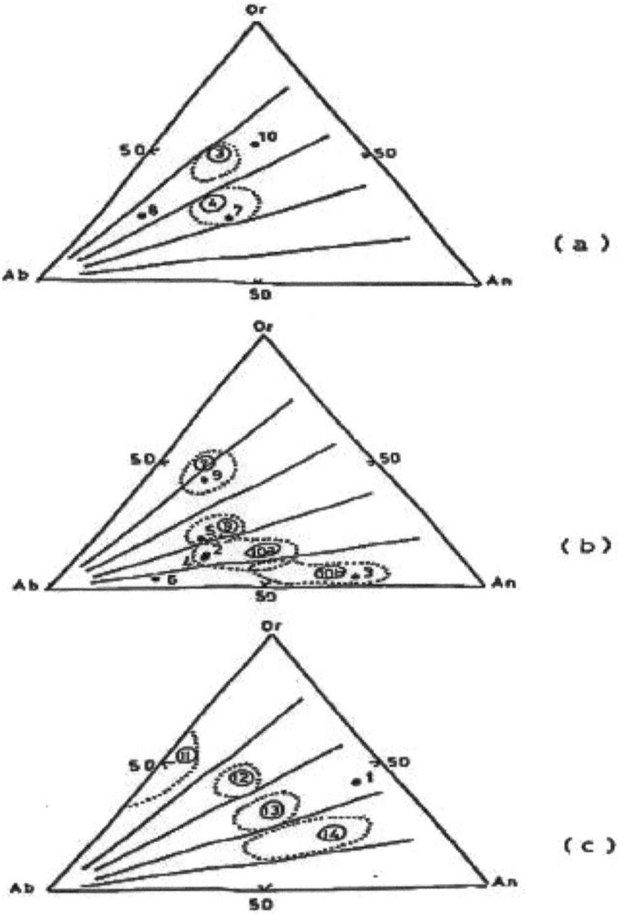

Fig. (52) Gráfico dos metavulcânicos estudados nos Diagramas Ternários de Streckeisen (L976); (a)

Rochas de quartzo-feldspato; (b) Rochas de feldspato; (c) Rochas de feldspato-foide.

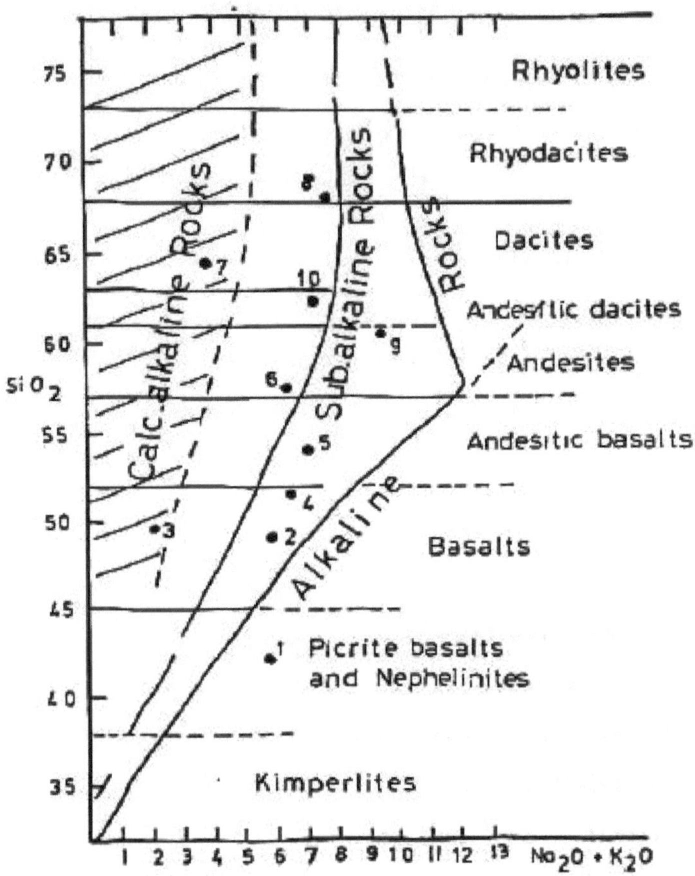

Fig. (53) Classificação das rochas vulcânicas, $5iO_2$ vs. Na_2 O + K_2 O (segundo Frolov e Petrov, 1985).

* O campo estriado indica rochas com baixo teor de álcalis.

A Fig. (54) é uma representação gráfica dos metavulcânicos estudados, sendo evidente que todas as amostras se situam no campo das rochas calcárias-alcalinas, com exceção da análise nº 3.

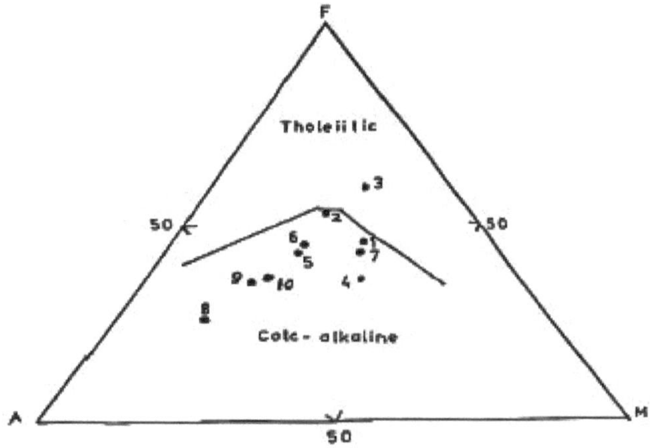

Fig. (54) Diograma AFM para as rochas meta-vulcânicas investigadas (Irvine e Barogar, 1971).
A = Na_2 O + K O_2
F = FeO + Fe O_{23}
M = MgO

Com base na classificação anterior, os metavulcânicos representam a suite basalto- andesito- dacito- riodacito (traquito) de afinidade calcária-alcalina e subalcalina. De acordo com Miyashiro (1973), a tendência calc-alcalina é caraterística do vulcanismo em arcos de ilha e margens continentais activas.

Cenário tectónico :

Os arcos de ilha e as margens continentais activas estão envolvidos na interação entre blocos de crusta continental e oceânica. As rochas vulcânicas desenvolvidas nos arcos de ilha podem ser

classificadas em três categorias: tholeiitic, calcário alcalino e alcalino (shoshonitic). A sua distribuição temporal e espacial, bem como as suas proporções relativas, estão relacionadas com a história evolutiva dos arcos insulares.

É expetável o desenvolvimento de séries basálticas toleíticas na fase inicial, quando a crosta é bastante fina. Depois, a série toleítica cede gradualmente lugar à série calcária alcalina à medida que a crosta se torna cada vez mais espessa, e as rochas alcalinas são as mais dominantes na fase final. A partir da sua distribuição areolar, os tholeiites constituem o tipo de rocha predominante no lado da trincheira do arco insular e cedem gradualmente o lugar às séries calcárias e alcalinas com o aumento da distância da trincheira profunda.

Diagrama Na_2O / K_2O versus Na_2O + K_2O :

Miyashiro (1975) sugeriu a linha (V- V) que representa o limite superior de Na_2O / K_2O para todas as rochas vulcânicas frescas e definiu também os campos que representam os tholeiites islandeses, os tholeiites abissais e as rochas vulcânicas do arco insular (Fig. 55). A maior parte das parcelas dos metavulcânicos estudados situa-se principalmente no campo das rochas vulcânicas do arco insular.

FeO*/ MgO - TiO_2 diagrama :

Neste diagrama, utilizado por Glassley (1974) e Cody (1975) para a discriminação das rochas vulcânicas em arcos de ilha, ilhas de crista e ilhas oceânicas (Fig. 56), as rochas metavulcânicas estudadas inserem-se no campo do arco de ilha.

TiO_2 versus P O_{22} diagrama :

Smith e Carmichael (1968) propuseram este diagrama discriminante para a diferenciação entre tipos de magma de diferentes afinidades tectónicas. Todas as parcelas dos metavulcânicos estudados seguem o trend calcário-alcalino das Montanhas Cascade, oeste dos EUA (Fig. 57).

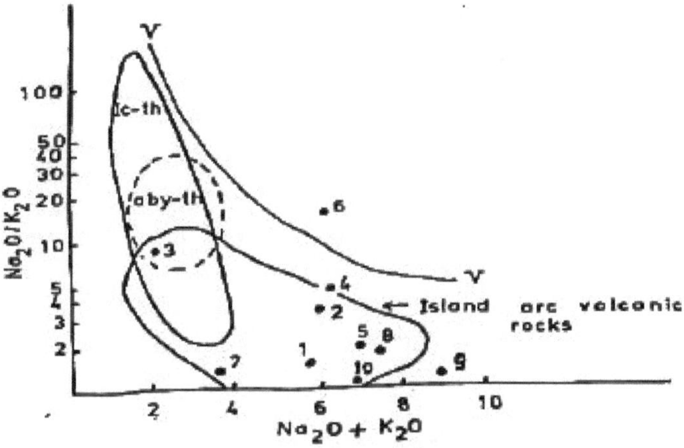

Fig. (55) Diagrama Na2 O / K2 O - Na2 O + K2 O (Miyashiro, 1975).

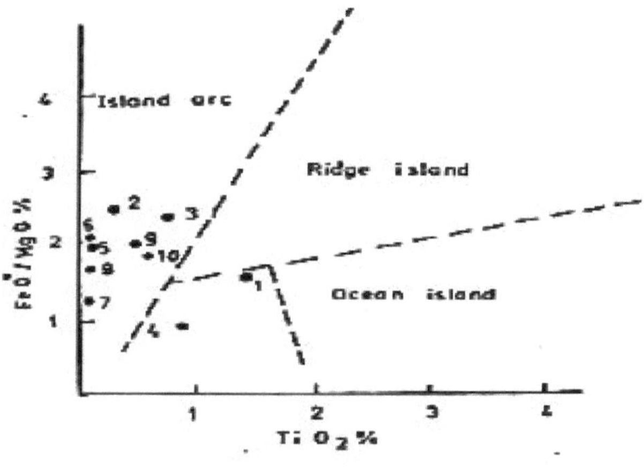

Fig. (56) Diagrama FeO*/ MgO - TiO2 para as rochas metavulcânicas investigadas
(Glassley. 1974 & Cody. 1975)

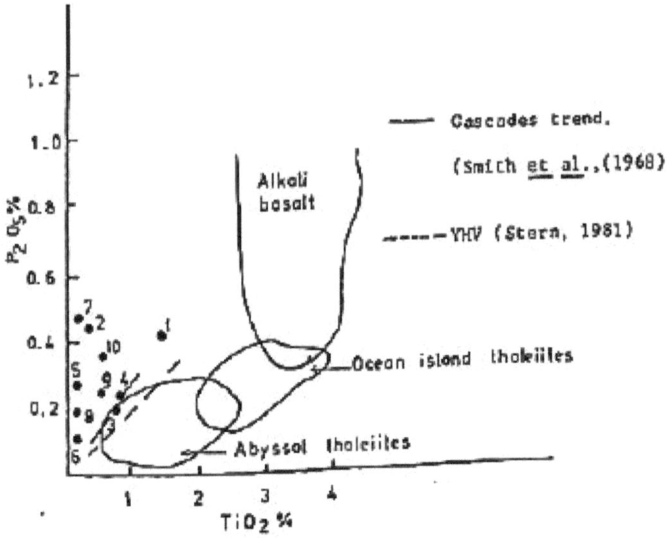

Fig. (57) P O_{22} - TiO_2 Qdiagrama para as rochas metavulcânicas investigadas (Jha, 1971 & Ridly, 1974)

Caraterísticas geoquímicas :

O primeiro levantamento geral da química dos vulcões de arco insular foi efectuado por Taylor (1972). Jake's e White (1972) examinaram em pormenor a química destes vulcões.

Mostraram que as três séries diferentes, toleítica, calcária e alcalina, diferem nos níveis de certos elementos petrogénicos e de alguns oligoelementos.

Como já foi referido, as amostras analisadas das ocorrências estudadas (Tabelas 7 e 8) incluem uma grande variedade de rochas, desde basaltos a dacitos. As análises químicas obtidas são comparadas com a composição química média de algumas rochas vulcânicas de arcos de ilha e margens continentais (Tabela 11) compilados de Kuz'min et al., (1978) após Taylor (1972) e Jake's et al., (1972).

Basalto alcalino (Amostra n.º Kb 57) :

Esta rocha é simplesmente um basalto alcalino que tem ~ 42% de SiO_2 . Contém olivina, augite cálcica (diopsídio) e plagioclase cálcica, tanto no modo como na norma. A nefelina ocorre na norma e no modo. No diagrama AFM convencional, no diagrama ternário de Streckiesen e no diagrama álcali vs sílica, segundo Frolov et al., 1972, a rocha situa-se nos campos das rochas calcárias e alcalinas, respetivamente.

A rocha difere dos basaltos calcários alcalinos típicos (Tabela, 11), tendo relativamente pouco Al O_{23} e muito TiO_2 , Fe total e K_2 O. A amostra estudada é mais elevada em elementos de transição Cr, Ni, também muito mais elevada em Sr, e mais baixa em V.

Rochas básicas :

Este grupo de rochas de composição básica (~ 49 - 51% SiO_2) está separado em dois subgrupos. O primeiro é o basalto tholeiitic ou metabasalto (MR 37), que contém hiperteno normativo e quartzo normativo. O segundo grupo é constituído por diabásios que contêm olivina normativa (~12 - 18%) e nefelina normativa (~2 - 6%). No entanto, não contêm nefelina no modo (N.B., a razão para a presença de nefelina na norma mas não no modo é
é exemplificada pela presença de soda significativa na augite destes basaltos como uma solução sólida).

No diagrama AFM convencional, a amostra de basalto (MR 37) situa-se no campo das rochas toleíticas, enquanto as diábases se situam no campo das rochas alcalinas calcárias. No diagrama álcali vs sílica de Frolov, et al. (1972), a amostra de basalto (MR 37) situa-se no campo das rochas calcárias normais com baixo teor de álcalis, enquanto os diabásios se situam no campo das rochas subalcalinas. Em

No diagrama ternário de Streckiesen, as três amostras situam-se no campo das rochas feldspáticas que representam o basalto tholeiitic (MR 37), a hawaiite (Db 21) e o andesito basáltico (Db 27B).

O basalto tholeiitic da área de Wadi Mubarak (MR 37) difere da média dos basaltos tholeiitic (Tabela 7, 8, 11), tendo menos MgO, CaO, Na_2 O, K_2 O e mais Al O_{23} ; e da média dos basaltos calc-alcalinos, tendo menos TiO_2 , MgO, Na_2 O, K_2 O e mais Al O_{23} . As dibásicas (Db 21, Db 27B) diferem da média dos basaltos toleíticos típicos, com menos CaO e mais Na_2 O e K_2 O diferem da média dos basaltos calcários-alcalinos com menos TiO_2 , Al O_{23} , MgO, CaO e mais Na_2 O, K_2 O.

A rocha basáltica tholeiitic de Wadi Mubarak difere da média dos basaltos tholeiitic e calcário-alcalinos típicos, tendo um teor muito elevado de Cr, um teor mais elevado de V, um teor comparável de Ni e um teor muito baixo de Sr. As diábases diferem da média dos basaltos toleíticos e calcários alcalinos, com teor de Cr muito mais elevado, teor de Sr mais elevado, teor de Ni comparável e teor de V mais baixo.

Rochas intermédias e ácidas :

Como se viu anteriormente, as rochas intermédias e ácidas das ocorrências estudadas estão separadas em três subgrupos. Os primeiros subgrupos incluem meta- andesitos com ~ 54 - 57%

SiO_2 , são hipertenos normativos. Eles também contêm quantidades subordinadas de quartzo normativo (até ~ 2% qz).

No diagrama convencional de AFM, as rochas situam-se no campo calcário-alcalino. No diagrama de Frolov et al. (1972), as rochas situam-se no campo das rochas normais e subalcalinas. No diagrama ternário de

Streckiesen, as rochas situam-se no campo das rochas feldspáticas que representam as rochas latitas.

andesitos e andesitos. Estas diferenças nas parcelas do campo de distribuição devem-se principalmente aos teores variáveis de K_2 O, uma vez que Na_2 O é relativamente constante.

Os andesitos, quando comparados com os andesitos toleíticos médios (Tabelas 7, 8 e 11), têm um teor muito baixo de TiO_2 , teores comparáveis de Al O_{23} , Fe total, MgO, CaO mais elevado, alcalinos totais. Os andesitos, quando comparados com os andesitos calcário-alcalinos médios, têm um teor muito baixo de Ti, baixo teor de Al O_{23} , teor comparável de MgO, teores elevados de Fe total, CaO alcalino total.

Os padrões de elementos vestigiais para os andesitos são caracterizados por Cr e V relativamente mais elevados, Ni mais baixo e Sr comparável em média.

O segundo subgrupo inclui metadacite (Kb 46B) com ~ 64% SiO_2 é hiperteno normativo, e contém 27% qz normativo.

No diagrama AFM convencional, a amostra situa-se no campo das rochas calcárias-alcalinas. No diagrama de Frolov, a amostra situa-se no campo das rochas magmáticas normais com baixo teor de álcalis. No diagrama ternário de Streckiesen, a amostra situa-se no campo das rochas quartzo-feldspáticas representando dacite.

Os dacitos, quando comparados com os dacitos toleíticos médios, têm SiO muito $baixo_2$, TiO $baixo_2$, alcalinos totais, Al mais elevado O_{23} , CaO, teor total de Fe muito mais elevado, MgO. Os dacitos, quando comparados com a média dos dacitos calcários-alcalinos, têm um teor muito baixo de A1 O_{23} , um teor muito elevado de Fe total,

MgO, baixo teor de álcalis e SiO_2 , CaO.

Os padrões de elementos vestigiais, quando comparados com os dacitos típicos de toleíticos e calcários alcalinos, são caracterizados por Cr, Ni e V mais elevados. A quantidade de Sr (180 ppm) situa-se entre os dacitos de toleíticos médios (90 ppm) e os dacitos calcários alcalinos (460 ppm).

O terceiro subgrupo inclui os riodacitos (ou traquitos) que têm ~ 68% de SiO_2 , os teores mais elevados de Na_2O e K_2O, e contêm ~ 25% de qz normativo.

Os riodacitos, quando comparados com os andesitos e dacitos das mesmas ocorrências, têm um teor comparável de TiO_2 , alcalinos totais mais elevados, teor de $Al\ O_{23}$, teor total de Fe, MgO, CaO muito baixo.

Os padrões de elementos vestigiais, quando também comparados com os andesitos e dacitos, são caracterizados por maior Ni, menor V, Sr comparável.

No diagrama AFM convencional, os riodacitos metamorfoseados situam-se no campo das rochas calcárias-alcalinas com uma tendência para o membro final alcalino. No diagrama de Frolov, a rocha situa-se no campo das rochas subalcalinas e no diagrama ternário de Streckiesen, a amostra situa-se no campo das rochas quartzo-feldspáticas que representam o riodacito.

Série de rochas ígneas :

Os valores de Niggli calculados para os metavulcânicos estudados e os seus tufos equivalentes são apresentados na Tabela (10). A saturação de alumina das rochas é reflectida petroquimicamente pelo valor t = al - (alk + C). Para formar feldspato alcalino, t deve ser igual a alk; para formar molécula de anortita, t deve ser igual a alk + C, para formar corindo (rocha saturada de alumina), t deve ser positivo; para formar minerais alcalinos de ferromagnésio, t deve ser negativo.

A Fig. (58) é um diagrama que mostra a inter-relação entre alk e al, segundo Burri (1964),

mostrando o grau de alcalinidade para as rochas estudadas. A Fig. (59) representa um diagrama de variação de Harker construído através da representação gráfica dos valores de Niggli al, fm, c e alk vs valor de si. As tendências lineares são utilizadas para indicar o estádio de diferenciação dentro de uma série de rochas e ou para discriminar entre diferentes séries de rochas. Uma série de rochas ígneas é uma associação de rochas ígneas que podem ser razoavelmente inferidas como geneticamente inter-relacionadas por

processos de diferenciação (Hughes, 1982). O diagrama de variação de Harker, que representa al, alk, fm, c contra si, mostra linhas rectas no diagrama que delineia séries de rochas basálticas, andesíticas, dacíticas e riodacíticas. O diagrama de Burri foi utilizado como um discriminante químico para separar os campos de rochas pobres em álcalis das rochas peralcalinas. As rochas estudadas pertencem principalmente a rochas subalcalinas, ou seja, incluem séries de basalto calcário-alcalino e tholeiitic.

Em conclusão, a comparação das caraterísticas petrográficas e químicas das rochas pertencentes à série tholeiite do arco insular, calcário - alcalino e shoshonite (Quadro 11) mostra a distinção entre as três séries na sua geoquímica de elementos principais.

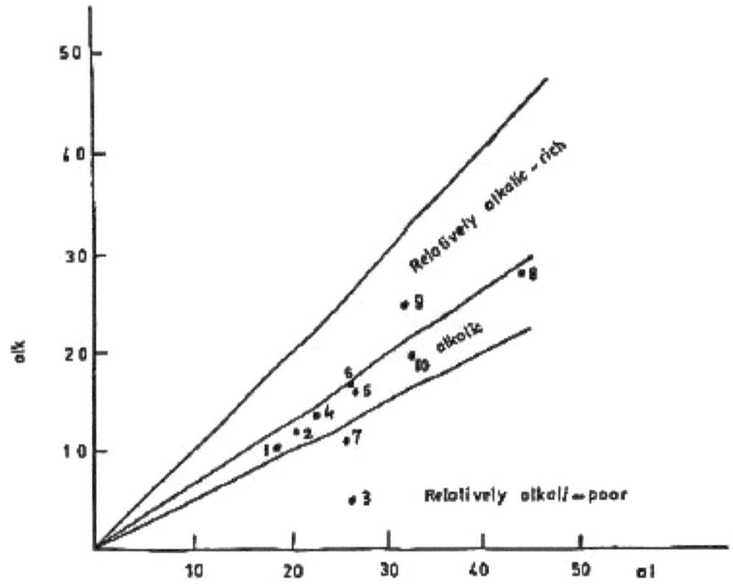

Fig. (58) Um diagrama que mostra a relação entre alk e al e os campos alkali poor to
rochas peralcalinas. (Burri, 1964).

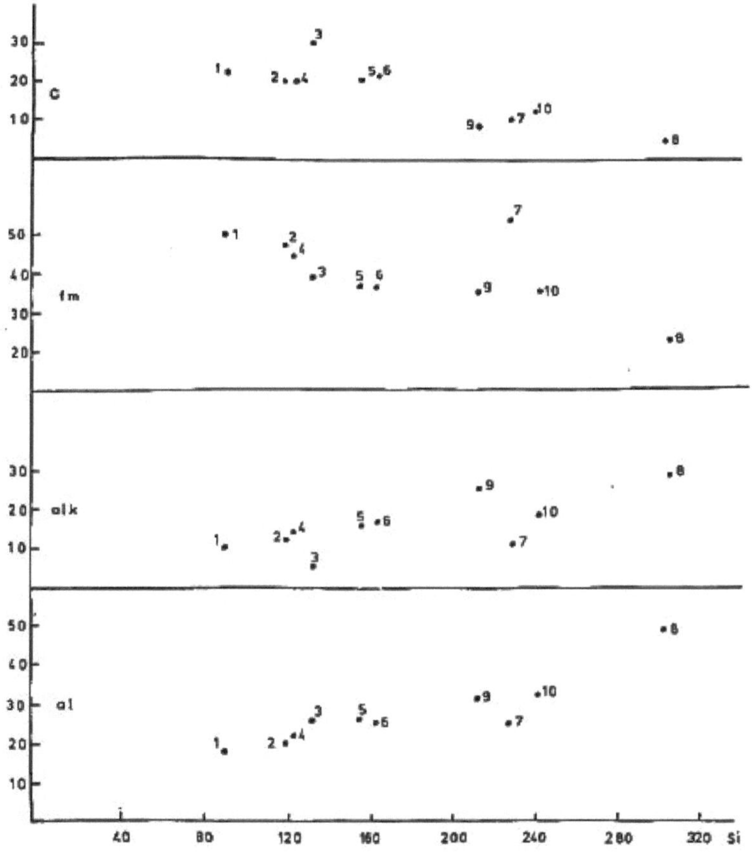

Fig. (59) Diagrama de variação de al, alk, fm, e c versus si nas rochas metavulcânicas estudadas.

1. Um conteúdo alcalino cada vez mais elevado desde a série de tholeiite do arco insular, passando pela série calcária alcalina, até à série shoshonite, com o $K_2 O$ a apresentar proporcionalmente o maior aumento. O $K_2 O$ é de facto o principal elemento discriminante entre as séries.

2. $Al\ O_{23}$ tende a ser elevado nos membros básicos e intermédios da série alcalina.

3. O titânio é notória e carateristicamente baixo (< 1,2%) nas rochas ígneas acima da zona sísmica de Benioff.

É possível equiparar os metavulcânicos estudados a uma série alcalina-calcária com rochas subalcalinas que ocupam uma posição intermédia num espetro de composição de séries da Zona Supra-Benioff situadas entre as séries toleíticas de arco insular, por um lado, e várias séries de basaltos alcalinos, incluindo shoshonite, por outro. Pode ser feita uma distinção química através da comparação dos teores de oligoelementos das diferentes séries de rochas da Zona Supra-Benioff tholeiitic, calc - alkaline e shoshonite. A partir dos dados da Tabela (8), é evidente que os teores de Cr, V e Ni mostram uma diminuição com o aumento do teor de SiO_2 . Os elementos incompatíveis, como o Sr, são acentuadamente enriquecidos na extremidade shoshonítica. No entanto, os teores de elementos vestigiais para as ocorrências estudadas, enfrentam o problema familiar da variação dentro de uma série e entre diferentes séries.

CAPÍTULO (V)
SCHISTS

V.A. Ocorrência no terreno :

Os xistos formam excelentes afloramentos ao longo de diferentes wadis da área estudada. No campo, caracterizam-se geralmente por serem bem foliados e clivados (Fig. 60). O acamamento original ainda está preservado e é facilmente distinguível. Formam normalmente cinturas lineares de altura moderada em declives bastante acentuados. São geralmente de grão médio, podendo apresentar cores cinzentas a verde-escuras. Os seus golpes são geralmente NE - SW com mergulhos gerais SE. O ataque da xistosidade pode também ser desviado para a direção E-W, particularmente na parte norte da área estudada.

Os xistos são de carácter polimítico e contêm fragmentos de metavulcânicas básicas (Fig. 61) e serpentinitos (Fig. 62) embutidos na matriz foliada. Além disso, são por vezes intersectados por veios de quartzo e bandas siliciosas brancas. Encontram-se também fragmentos de chert e diques de dolerite. Devido à sua xistosidade pronunciada, à sua estrutura bem articulada e às suas cores mais claras, os xistos podem ser facilmente distinguidos e separados das formações rochosas circundantes.

Recentemente, à luz da tectónica global, estes xistos de Wadi Mubarak (o wadi mais proeminente da área de estudo) representam um segmento de uma extensa zona de melange, que se formou sobre uma margem continental consumida (Shackebton et al., 1980; EL - Bayoumy e Hassanein, 1983). Os constituintes da zona de melange foram sujeitos a metamorfismo regional e dinâmico devido ao emplacement de impulso seguido de deslizamento e do movimento das placas de impulso (Fig. 63). As relações de campo indicam que o mélange sedimentar pode constituir uma parte dos metassedimentos geossinclinais estudados no Complexo Basáltico do Deserto Oriental.

Fig. (60) Vista de xistos com foliação e contendo seixos de metavulcânicas ao longo de uma
afluente de Wadi Mubarak, olhando para E.

Fig. (61) Estrutura em forma de almofada de metavolcânicas básicas intrudidas nos metassedimentos, ao longo do lado esquerdo
Lado de Wadi Kadabora, olhando para W.

Fig. (62) Fragmentos de serpentinito em forma de almofada incorporados nos metassedimentos de Wadi
Kadabora - Entroncamento de Wadi Mubarak, direção oeste.

Fig. (63) Lajes serpentiníticas em forma de almofada sobrepõem-se aos elementos metálicos ao longo de um plano de impulso
na junção de Wadi Mubarak e Wadi Kadabora, olhando para W.

V.B. Petrografia :

As amostras estudadas foram recolhidas a intervalos regulares ao longo de alguns wadis ou na variação litológica dos xistos (ver mapa de localização das amostras, Fig. 2).

O estudo microscópico destas amostras foi efectuado para 35 espécimes de mão selecionados, representados por mais de 60 secções finas.

O estudo petrográfico mostra que existem diferentes tipos de xistos, tais como clorite, clorite-calcite, epidoto-calcite, biotite-clorite, grafite, hornblende- biotite, clorite-talco, talco e tremolite-actinolite. Encontram-se também xistos seixos. Estes xistos são foliados com alinhamento paralelo de minérios escamosos (Fig. 64). Apresentam xistosidade e orientação preferencial dos seus grãos minerais. Representam sedimentos de seixos metamorfoseados regionalmente e rochas vulcano-clásticas.

1. Xisto clorítico :

O xisto clorítico é de cor verde acinzentado, foliado e de grão fino a médio. Microscopicamente, estas rochas são essencialmente compostas por clorite, que ocorre como um mineral escamoso de agregados fibrosos (Fig. 65). Por vezes, forma pequenos cristais anédricos. O quartzo, a albite, a magnetite e a moscovite são menos comuns.

O xisto clorítico é muito provavelmente o resultado do metamorfismo regional de alguns sedimentos pelíticos (Brownlow, 1979). Pertencem a rochas da fácies greenschist (Turner e Verhoogen, 1960). Texturalmente, o xisto clorítico exibe foliação, textura porfiroblástica e estrutura xistosa (Fig. 66).

2. Xisto clorito-calcítico :

O xisto clorítico-calcítico deriva muito provavelmente dos sedimentos calcários pelíticos. (Brownlow, 1979). São cinzentos, duros e xistosos. Ao microscópio, são constituídos por

Fig. (64) Foliação e alinhamento paralelo da sericite e limonite intersectadas por veios de calcite em biotite xisto, C.N., X-66.

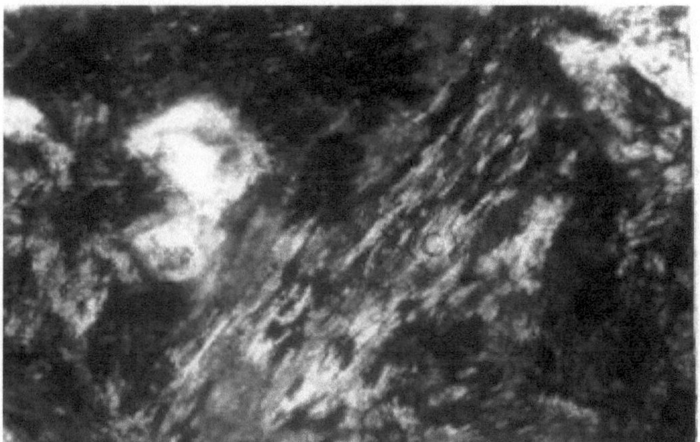

Fig. (65) Agregados flocosos de clorite (C) no xisto clorítico, C.N., X-133

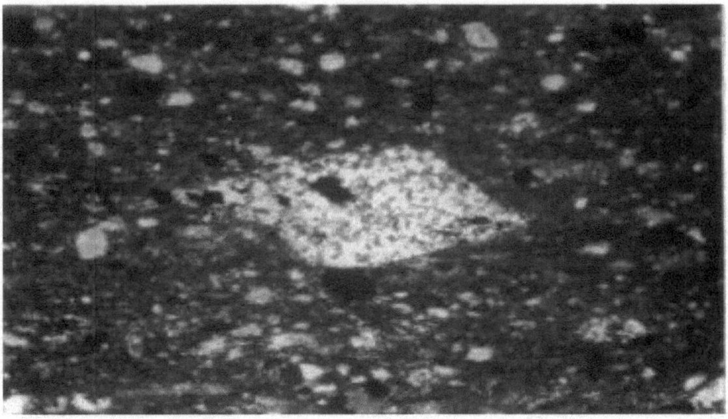

Fig. (66) Textura porfiroblástica no xisto seixoso, C.N., x-66.

bandas e lentes de carbonato alternando com outras de clorite, quartzo, magnetite e albite. Os minerais de clorite são semelhantes aos do xisto clorítico.

O mineral carbonatado é maioritariamente calcite (Fig. 67) e o quartzo apresenta uma extinção ondulatória.

3. Xisto epidoto-calcítico :

Os xistos de epidoto-calcite são de cor cinzenta esverdeada, de grão médio e maciços. Microscopicamente, são compostos essencialmente por epídoto e rara zoisite. O epidoto ocorre geralmente em agregados colunares (Fig. 68). A sua cor é amarela esverdeada com fraco pleocroísmo e apresenta extinção paralela. A zoisite ocorre em agregados finos (Fig. 69). É incolor, por vezes cor-de-rosa, pleocróica com alto relevo. A calcite, a clorite, o quartzo e a albite são subordinados em abundância. Os grãos de quartzo apresentam uma clara orientação preferencial. A magnetite, a ilmenite e a grafite são raramente observadas.

Fig. (67) Calcite (C) com geminação lamelar e dois conjuntos de clivagem na zona de clorite-
xisto calcítico, C.N., X-66.

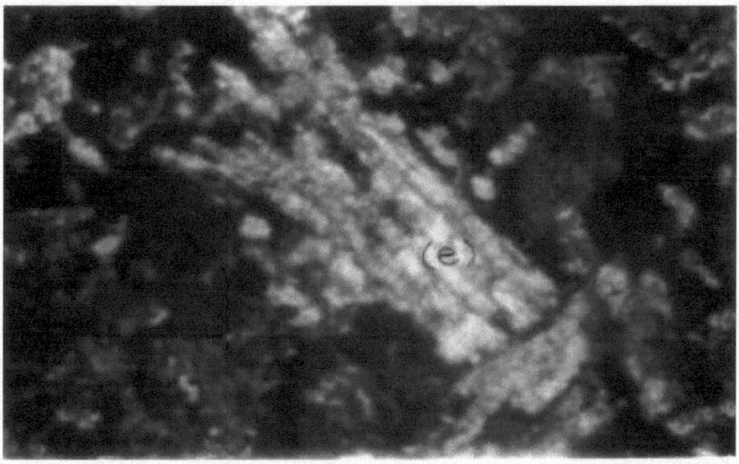

Fig. (68) Agregados colunares de epidoto (e) no xisto calcítico-epidoto, C.N., X-133.

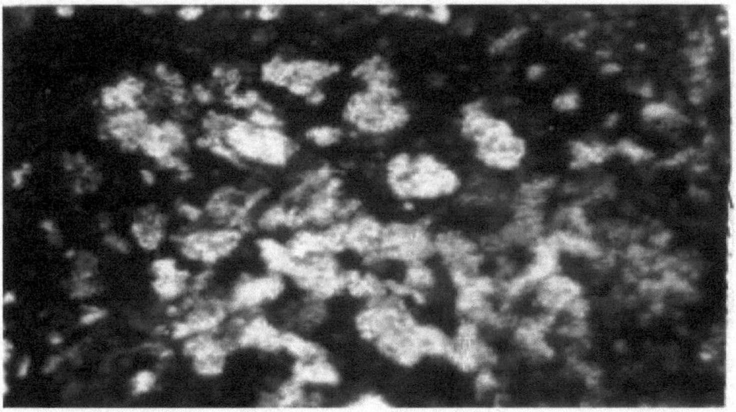

Fig. (69) Agregados finos de zoisite no xisto calcítico - epidoto, C.N., X-133.

4. Biotite-clorito xisto :

Os xistos de biotite-clorite são de cor cinzenta escura, de grão fino e maciços. Ao microscópio, são constituídos por grãos de quartzo angulosos, que exibem uma extinção ondulante. O mineral está geralmente associado à albite inserida numa matriz densa de grãos de quartzo mais finos. A biotite ocorre como flocos castanhos claros (Fig. 70). Os flocos de biotite estão parcialmente alterados para clorite verde-escura. Os constituintes da rocha mostram geralmente xistosidade com os grãos de plagioclásio exibindo alinhamento paralelo. Estão também presentes óxidos de ferro e iddingesite. A plagioclase está sempre ligeiramente alterada.

5. Xistos de grafite :

Os xistos grafitosos são cinzentos, duros, laminados e de grão fino. Microscopicamente, caracterizam-se pela presença de quantidades variáveis de matéria grafítica (Fig. 71). São compostos por quartzo, feldspato e flocos de biotite com disposição paralela, embebidos numa matriz polvilhada com grânulos de grafite, que tem cor escura. A calcite está presente como um raro

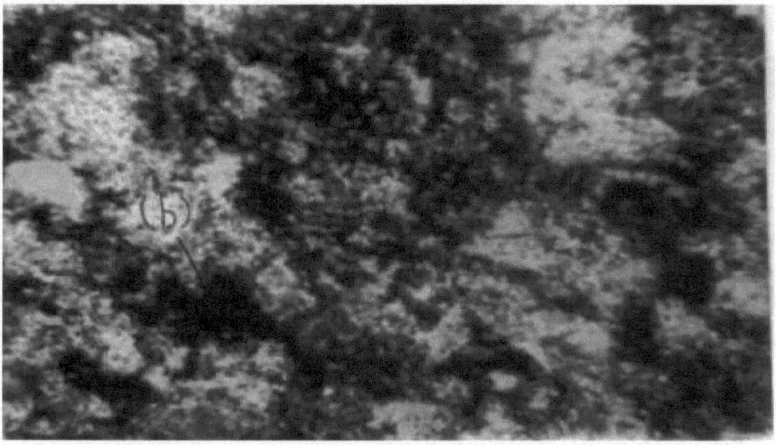

Fig. (70) Agregados finos de flocos de biotite (b) no biotite xisto, P.L., X-133.

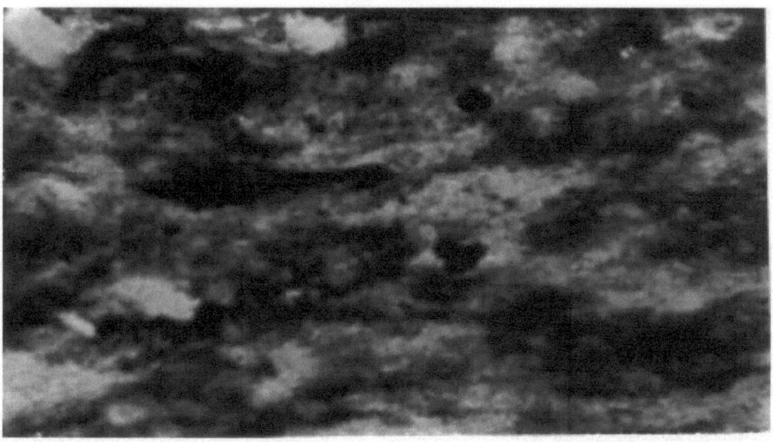

Fig. (71) Xisto grafitado constituído por grânulos de grafite, feldspatos e quartzo, P.L., X-66.

mineral. Por vezes, o xisto de grafite apresenta uma textura porfiroblástica.

6. Xisto de Hornblenda-biotite :

O xisto hornblenda- biotite é cinzento, de grão médio e duro. Ao microscópio, a rocha é composta essencialmente por hornblenda, plagioclase e alguma tremolite. A hornblenda forma cristais prismáticos verdes e pleocróicos. A plagioclase é alongada e associada à hornblenda (Fig. 72). Estão também presentes biotite, clorite, epidoto e pequenas quantidades de quartzo. Os óxidos de ferro estão sempre presentes. A hornblenda - biotite xisto é diagnóstica para a fácies anfibolito e é considerada entre as rochas formadas por metamorfismo regional de grau moderado a elevado.

7. Xisto clorito-biotite :

O xisto clorito-biotite é cinzento escuro, de grão médio e maciço. Microscopicamente, a rocha é composta por quartzo anédrico, feldspatos alterados, clorite verde pálido, flocos de biotite, moscovite incolor caracterizada pelas suas cores de interferência elevadas e alguma iddingesite. A magnetite está presente em grãos isométricos (Fig. 73). Observam-se também veios de quartzo (Fig. 74).

8. Xisto de talco :

O xisto talco é cinzento-esbranquiçado, de grão médio, caracterizado pelo seu toque saponáceo. Microscopicamente, o talco é o mineral comum (Fig. 75). Caracteriza-se por uma cor cinzenta turva. O quartzo, a moscovite e a clorite ocorrem como cristais dispersos. Estão também presentes alguns minerais carbonatados representados pela magnesite e calcite e óxidos de ferro.

Registam-se alguns grãos de feldspato potássico e agregados de tremolite (Fig. 76). A rocha apresenta textura xistosa e extinção de undulose.

9. Xisto de calhau rolado :

O xisto seixoso é cinzento-escuro, duro e maciço. Em secção fina, é composto essencialmente por

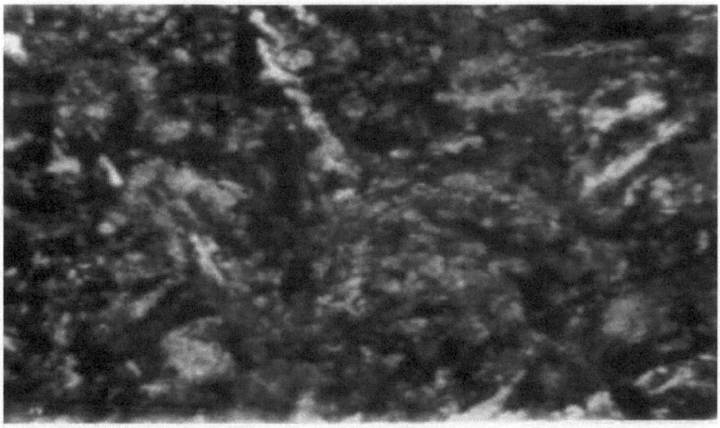

Fig. (72) Associação de tremolite, hornblenda e plagioclase cálcica em hornblenda- biotite
xisto, C.N., X-133.

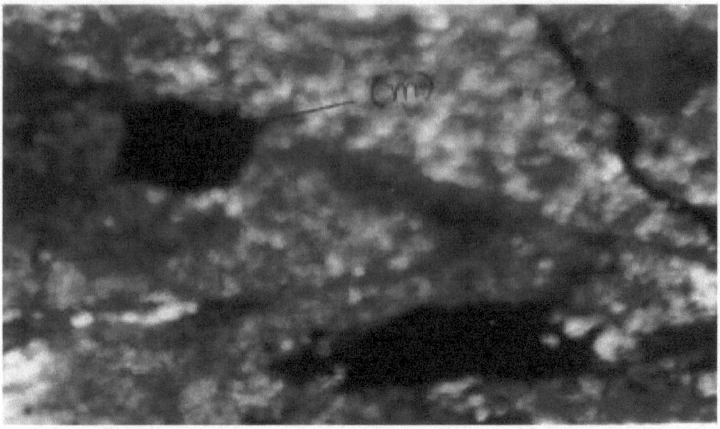

Fig. (73) Magnetite (m) mostrando agregados isométricos em xisto clorite-muscovite, C.N., X-66.

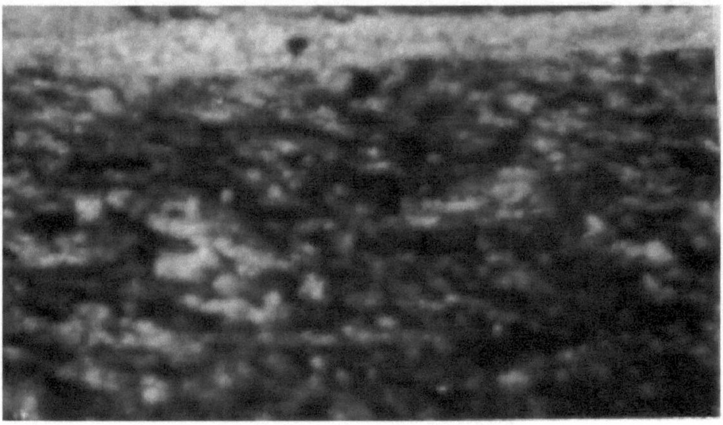

Fig. (74) Xisto clorito-biotítico mostrando iddingesite, clorite e óxidos de ferro, e intersectado por um veio de quartzo, C.N., X-66.

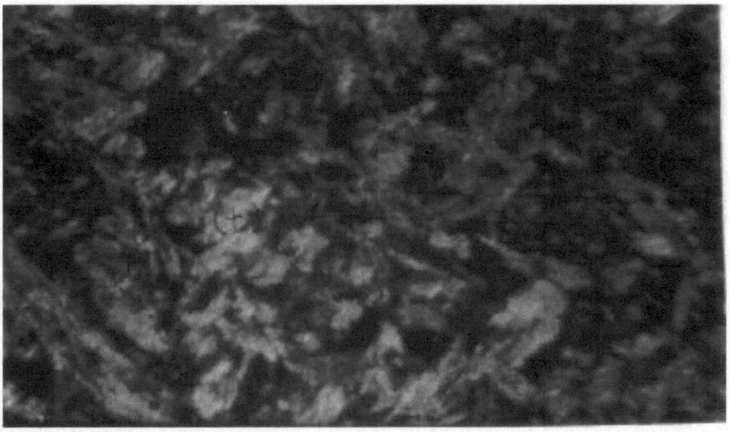

Fig. (75) Xisto talco composto por talco (t), feldspato alterado e tremolite, C.N., X-66.

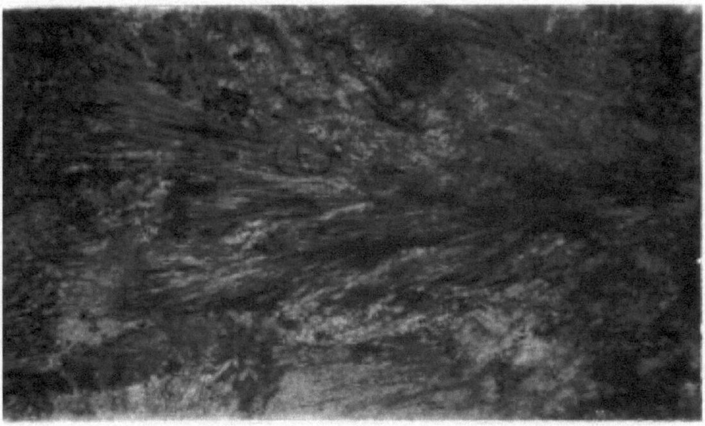

Fig. (76) Tremolito fibroso radial (t) em xisto actinolítico tremolítico, C.N., X-66.

de seixos de quartzo, que dão extinção à undulose e ocorrem como grãos arenosos. Também estão presentes fragmentos de rocha de porfiroblastos quartzíticos ou chert recristalizado (Fig. 66) .

Quartzo, feldspato, clorite, biotite e magnetite constituem a matriz xistosa recristalizada.

10. Xisto de actinolite e tremolite:

O xisto actinolítico-tremolítico é de cor cinzenta escura a cinzenta, de grão fino, laminado e maciço. A tremolita - actinolita de cor branca a verde, ocorre como abundantes cristais prismáticos longos ou em agregados fibrosos-radiantes. Apresentam cores de elevada interferência, com ângulo de extinção máximo de cerca de 10 - 20° (Fig.77). Quartzo ondulante, clorite e moscovite estão também presentes. O feldspato alterado, a sericite e a magnetite são menos comuns. Estruturalmente, a rocha apresenta foliação, laminação e xistosidade.

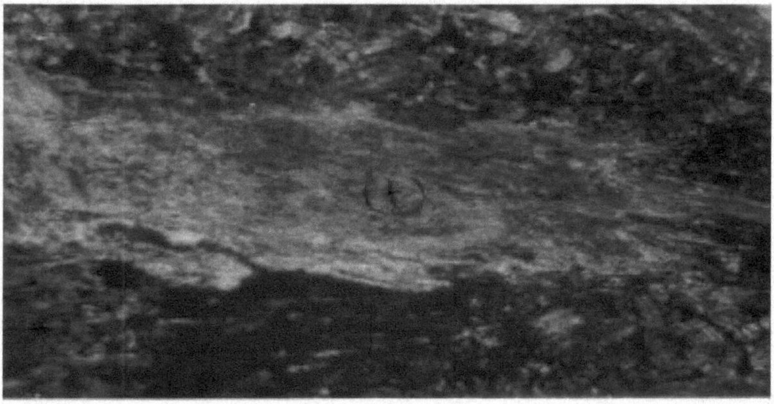

Fig. (77) Tremolito - actinolito xistoso com quartzo, plagioclásio alterado e tremolito
actinolite (t), C.N., X-133.

V.C. Ceoquímica e rocha de origem dos xistos :

O conjunto de minerais de uma determinada rocha metamórfica é o resultado da interação de vários factores. A química da rocha-mãe, a temperatura e a pressão são os parâmetros mais importantes. As sequências vulcano-sedimentares dos tipos de rochas estudados podem ser derivadas de uma sucessão geossinclinal de xistos e de greywacké alternados com vulcânicas associadas.

Nesta parte do trabalho, a composição química dos xistos será avaliada em ligação com os xistos metamorfoseados, os greywackés e os metavulcânicos (metamorfoseados até ao xisto hornblenda - biotite). A análise química e os valores de Niggli dos xistos são apresentados nos quadros (12) e (13).

De la Roche (1968), utilizou o diagrama binário Al /3 - Na vs Al /3 - K (quantidades atómicas) para obter informações sobre o protólito das rochas metamórficas e a tendência de evolução de

a composição para as séries vulcânicas e sedimentares refere-se a vários comportamentos geoquímicos diferenciais de Na, K e Al. A maior parte dos xistos situa-se no campo das rochas ígneas, o que constitui uma prova da sua origem ígnea (Fig. 78). No entanto, os xistos cloríticos situam-se fora do campo das rochas ígneas, o que constitui uma prova da sua origem sedimentar (xisto).

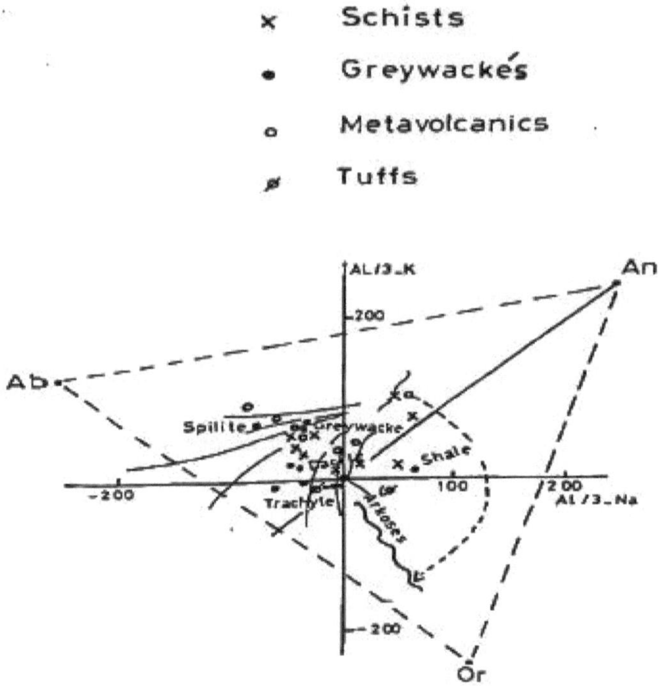

Fig. (78) Diagrama de variação AL - Na- K (De la Roche, 1974), mostrando a disposição geral de
a associação vulcão-rocha sedimentar na área investigada.

Neelov (1980) utilizou uma composição em rede para a classificação petroquímica de rochas metamórficas, sedimentares e vulcânicas. Os parâmetros S, b, m, f, a, t, n e k são calculados a partir da composição química, em quantidades atómicas, (Quadro 14a, b, c):

$$S = \frac{SiO_2}{\sum \text{ of all components}}$$

$$b = Fe_2O_3 + FeO + MnO + MgO + CaO/1000$$

$$m = \frac{MgO}{MgO + CaO}$$

$$f = \frac{Fe_2O_3 + FeO + MnO}{b}$$

$$a = \frac{Al_2O_3}{SiO_2}$$

$$t = \frac{TiO_2}{Al_2O_3}$$

$$n = Na_2O + K_2O/1000$$

$$k = \frac{K_2O}{K_2O + Na_2O}$$

O diagrama binário coeficiente a vs. b (Fig. 79) é utilizado para separar os campos de composição dos sedimentos clásticos. O diagrama binário, coeficiente S vs. b (Fig. 80) é sobreposto ao diagrama anterior para traçar os limites dos campos de composição das rochas magmáticas.

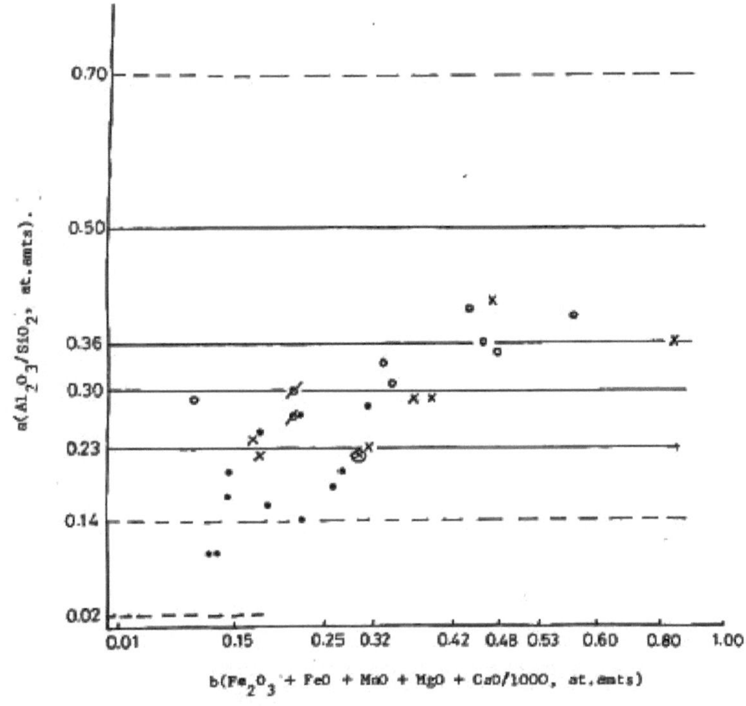

Fig. (79) Gráfico do coeficiente a vs b (Neelov, 1980), mostrando a relação química entre as diferentes rochas metamórficas.

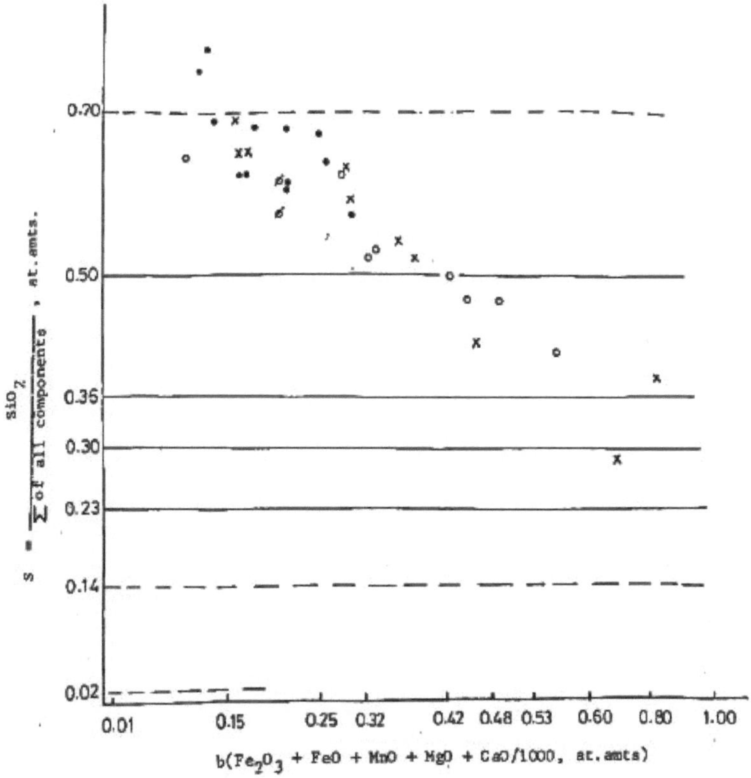

Fig. (80) Gráfico do coeficiente S vs b (Neelov, 1980), mostrando a relação química
entre as várias rochas metamórficas.

Por conseguinte, os greywackes metamorfoseados podem ser classificados como psammites polimíticos (a = 0,14 - 0,23) ou greywackes e tufos de composição comparável à das rochas magmáticas intermédias e básicas (b = 0,15 - 0,32).

As rochas vulcânicas situam-se no domínio dos basaltos, andesitos, dacitos e riodacitos (S_1 , S_2 , S_3 , S_4). O parâmetro n > 0,17 para os andesitos indica um fraco metassomatismo K (tendência traquítica).

A partir dos parâmetros S , b e a, o xisto deve ser derivado de uma sucessão geossinclinal de rochas pelíticas e psamíticas alternadas (a > 0,22) com carácter tufáceo melanocrático (b > 0,17), e os vulcânicos associados são principalmente de composição intermédia a básica.

Uma sobreposição entre os xistos, metagreywackés e metavulcânicas nos diagramas a vs b e S vs b é uma evidência que indica um possível protólito misto na altura da deposição.

Van De Kamp (1968) e Weber - Diefenbach (1976) também utilizaram os valores de Niggli = al - alk contra c num diagrama para obter informações sobre o protólito das rochas metamórficas. Neste diagrama (Fig. 81 a, b, c), os metagreywackés, os metavulcânicos e os xistos situam-se no campo das rochas ígneas, o que constitui um indício a favor de uma origem ígnea das rochas anteriores, provavelmente de origem insular.

A Fig. (82) representa um diagrama de variação de Harker construído através da representação gráfica dos valores de Niggli al, fm, c e alk vs valor de Si para os metagregados, metavulcânicos e xistos. As tendências lineares ou a sobreposição são indicações de sequências vulcano-sedimentares de origem parental comum.

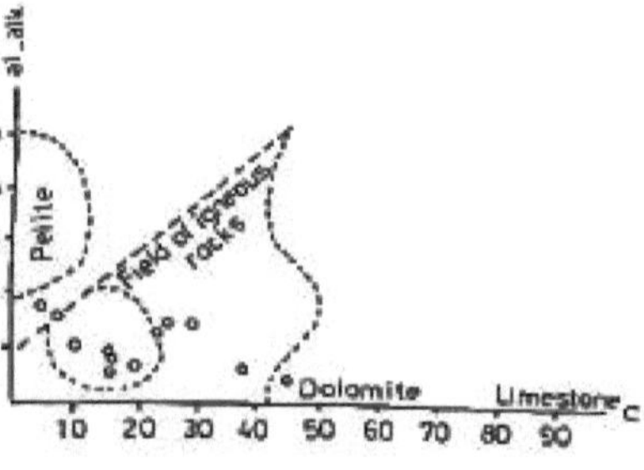

Fig. (81_a) Gráfico de Niggli al - alk contra c (segundo Van de Kamp, 1968; Weber - Diefenbach, 1976)
para metagreywackes.

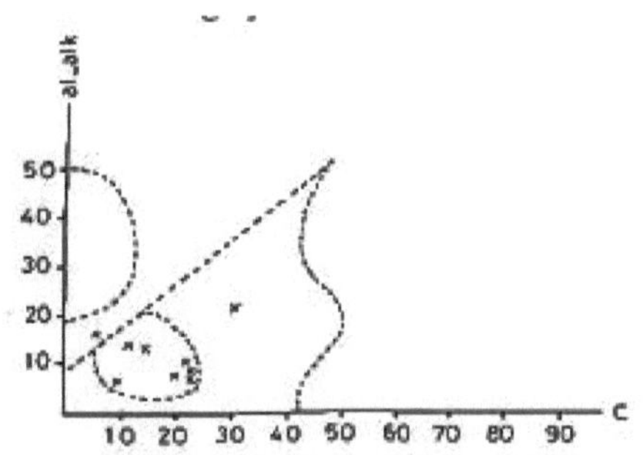

Fig. (81b) Gráfico de Niggli al - alk contra c (segundo Van de Kamp, 1968; Weber - Diefenbach, 1976)
para metavolcânicas.

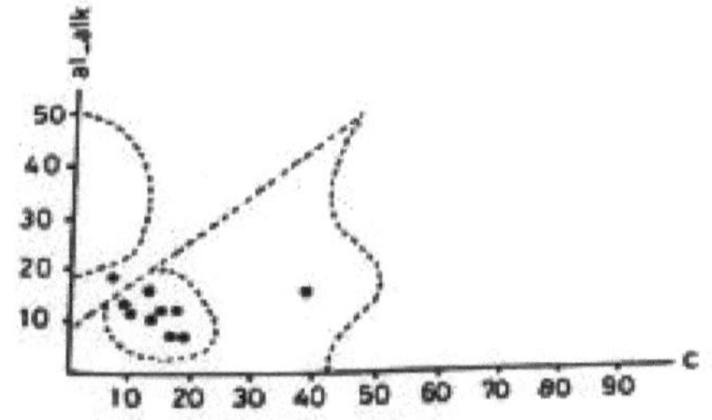

Fig. (81c) Gráfico de Niggli al - alk contra c (segundo Van de Kamp, 1968; Weber-Diefenbach, 1976)
para os xistos.

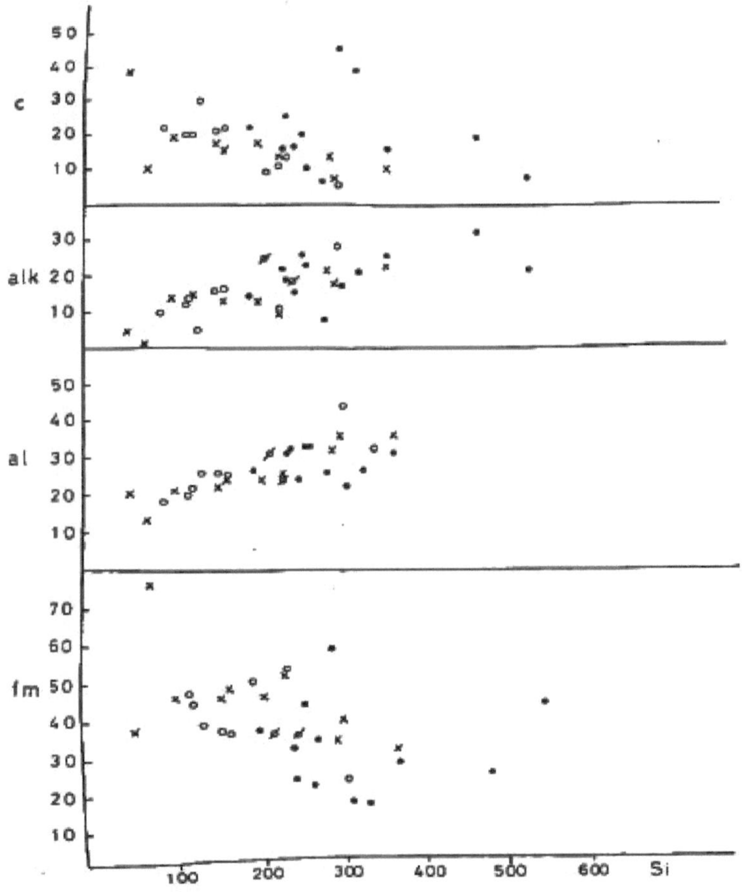

Fig. (82) Diagrama de variação de al, alk, fm e c vs si para as rochas metamórficas estudadas

Ao traçar as rochas metamórficas no diagrama SiO_2 vs FeO + Fe O_{23} , exceto para quantidades mais elevadas de ferro total em teores específicos de SiO_2 e Al O_{23} para os xistos, não se observou qualquer agrupamento, o que sugere um protólito comum (Fig. 83). Este facto é apoiado pelo traçado da rocha metamórfica no diagrama Al O_{23} vs FeO +

Fe O_{23} , que indica novamente que não foram distinguidos grupos, o que confirma um protólito comum (Fig. 84).

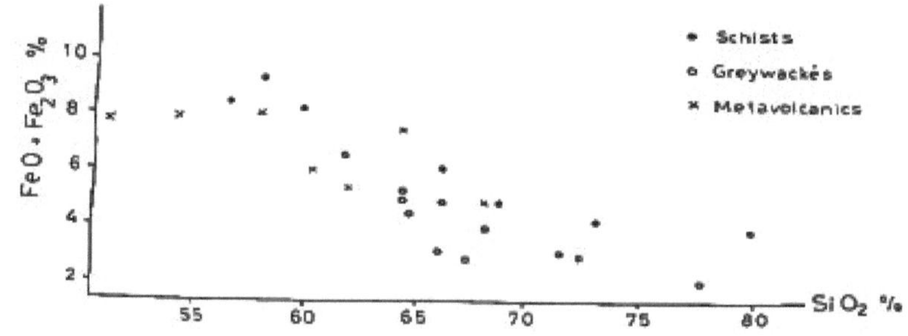

Fig. (83) Gráfico de FeO + Fe O_{23} versus SiO_2 , mostrando a relação química entre o
várias rochas metamórficas.

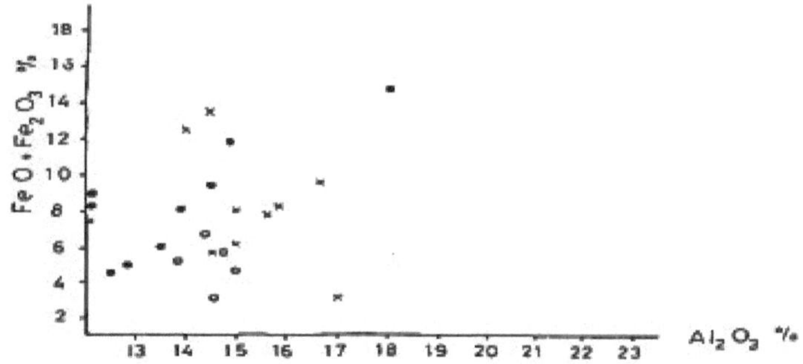

Fig. (84) Gráfico de FeO + Fe O_{23} contra Al O_{23} , mostrando a relação química entre o
várias rochas metamórficas.

V.D. Geoquímica de elementos vestigiais :

A distribuição dos oligoelementos nos xistos estudados é dada no quadro (15). A sua abundância ou intervalo com a abundância de oligoelementos nos metagreywackés estudados (incluindo lamas) e metavulcânicas são citados no quadro (16). Este quadro inclui também as abundâncias médias destes oligoelementos nos basaltos e xistos segundo Taylor (1964, 1966), para comparação.

Cobre :

A abundância de cobre nos xistos estudados varia entre 9 - 152 ppm Cu. Os dados da Tabela (15) mostram que a abundância de cobre nos xistos se sobrepõe à dos metagreywakés e metavolcânicos, sugerindo uma rocha-mãe comum. Estes valores são comparáveis com as médias de basaltos e xistos dadas por Taylor. Uma concentração mais elevada ou anómala de cobre (205 ppm) é registada na amostra de siltito (Kb 52).

Cobalto :

A distribuição do cobalto nos xistos estudados varia no intervalo 28 - 100 ppm Co. Esta abundância é superior à registada nos metagrauvaques e metavulcânicas (9 - 38 ; 11 - 54). A abundância de cobalto nos xistos é também superior à média mundial dos xistos, segundo Taylor (20 ppm), mas comparável à média mundial dos basaltos (50 ppm). As rochas de grão fino do metagreywackés são caracterizadas por um teor anómalo de cobalto (Kb 50 = 118 ppm Co.). O teor mais elevado de cobalto nos xistos estudados pode ser atribuído a uma rocha-mãe rica em anfibólios, ou seja, possivelmente andesítica.

Crómio :

A distribuição da abundância de crómio nos xistos estudados é comparável à dos metagrauvaques, mas inferior à dos metavulcânicos. A abundância média mundial de

O teor de crómio dos basaltos é duas vezes superior ao da média mundial dos xistos. Os teores de crómio mais elevados parecem estar relacionados com os vulcânicos básicos e intermédios. Assim, o crómio anómalo nos greywackés está relacionado com os greywackés vulcânicos (Ksh 40A e MB 17: 363 e 750 ppm Cr respetivamente).

Níquel :

A gama de abundância de níquel é comparável à gama de abundância em metavolcânicas e à média mundial de basalto, como indicado na Tabela (15). Esta gama (45 - 171) excede as do greywacké - mudstone (17 - 57 ppm) e do xisto médio mundial (70 ppm). No entanto, é digno de nota que as amostras vulcânicas de greywacké (Ksh 40A e MB 17) apresentam níquel anómalo (243 e 259), bem como crómio anómalo, como acima referido.

Chumbo :

A gama de chumbo (19 - 51 ppm) nos xistos estudados sobrepõe-se à dos greywackés (n.d. - 136 ppm) e à dos metavulcânicos estudados (9 - 127 ppm). No entanto, esta gama excede a média mundial dos basaltos e xistos (5 e 20 ppm).

Zinco :

As abundâncias de zinco nos xistos (62 - 125 ppm), metagreywackés (30 - 116 ppm) e metavulcânicas (35 - 177) são comparáveis, também com as dos basaltos médios (100 ppm) e xistos (100 ppm), como indicado por Taylor (Quadro 16). Mais uma vez, as pedras de lama de grão fino (Kb 50) apresentam valores anómalos (578 pm Zn).

Vanádio :

A abundância de vanádio nos xistos estudados (119 - 419) é mais ou menos comparável à dos metavulcânicos (23 - 318 ppm) e dos basaltos médios mundiais (250 ppm). No entanto, excede a dos metagreywackés estudados (38 - 205 ppm) e a dos xistos de média mundial (130 ppm).

Estrôncio :

A abundância de estrôncio nos xistos estudados (3 - 1023 ppm) é mais ou menos comparável à dos metavulcânicos estudados (80 - 856 ppm) e à média mundial dos basaltos (465 ppm) e excede a abundância nos metagregados estudados (54 - 462 ppm) e na média mundial dos xistos (300 ppm).

Em geral, as abundâncias de cobre, níquel, vanádio e estrôncio nos xistos estudados estão mais relacionadas com os metavulcânicos estudados, o que indica que os xistos estão mais relacionados com rochas parentais vulcanoclásticas.

Capítulo (VI)

RESUMO E CONCLUSÃO

O presente trabalho trata da petrografia e geoquímica de algumas sequências vulcano-sedimentares metamórficas que afloram no deserto oriental central do Egito. A área de investigação é delimitada pelas latitudes 25° 15' e 25° 30' N, e pelas longitudes 34° 25' e 34° 45' E. Abrange cerca de 600 km^2 e representa uma parte da cintura orogénica pan-africana. A área é atravessada por wadis de tendência mais ou menos NE - SW, sendo os mais proeminentes Wadi Mubarak, Wadi Murein e Wadi Abu Dabbab.

A área examinada é dominada por vulcões metamórficos - sequências sedimentares representando fácies de xisto verde baixo a médio de metassedimentos imaturos e rochas vulcânicas de composição intermédia a básica. Estas sequências fazem parte de uma extensa e descontínua cintura de tendência NNW-SSE, que se estende para norte e para sul para além dos limites da área cartografada. Os metassedimentos incluem uma grande variedade de lamas, lamas de calhau rolado, cinzas e xistos que são repetidamente intercalados numa escala variável. Os meta-vulcânicos são de natureza complexa. São constituídos por metabasaltos, porfiritos meta-andesíticos e respectivos tufos. Os pórfiros metarhiolíticos e os tufos riolíticos são subordinados em abundância na área do mapa.

Os metassedimentos clásticos representam um dos tipos de rocha abundantes na área de estudo. São geralmente rochas acinzentadas e cinzentas associadas a lamas cinzentas esverdeadas subordinadas. Encontram-se principalmente expostos ao longo das zonas inferiores do lado sul de Wadi Mubarak. Representam também uma das formações basais a norte de Wadi Abu Dabbab, geralmente constituída por lamas e conglomerados de seixos que se transformam em rochas cinzentas mais finas no topo.

Os ***metagrauvaques*** são compostos por fragmentos líticos e grãos minerais angulares a subangulares mal selecionados. Os fragmentos de rocha e os grãos minerais apresentam uma disposição sub-paralela na direção da clivagem da rocha e estão geralmente embebidos numa matriz argilosa, com clorite e sericite, que pode apresentar bandas de fluxo. O conjunto de grãos minerais e fragmentos de rocha é bastante variável. A granulometria dos metagrauvaques varia entre 0,04 - 1,9 mm raramente até 3,3 mm, com uma granulometria média de cerca de 0,3 - 1,0 mm. Os grãos minerais são representados principalmente por quartzo, feldspatos, enquanto os minerais de óxido de ferro-titânio, clorite, calcite, epidoto e micas são comuns. Os fragmentos de rocha são representados por quartzo policristalino e chert, andesitos, riolitos e traquitos. A matriz é geralmente representada por uma série de ingredientes minerais com raros interclastos de quartzo fino, sericite, clorite, óxidos de ferro, calcite, feldspatos e material argiloso. O facto de os minerais da matriz penetrarem geralmente nos grãos clásticos, apoia a ideia de que os metagreywackes estudados sofreram um certo grau de recristalização. Este facto é confirmado pela natureza compacta e maciça das rochas.

Em comparação com outros conjuntos de arenitos de diferentes contextos tectónicos, o modo detrítico destes greywackes é caraterístico de proveniências de orógenos reciclados, incluindo bacias de foreland que flanqueiam bacias de arco ou de colisão e complexos de subducção reciclados. Uma parte dos metagreywackes estudados é caraterística de arcos magmáticos dissecados, incluindo arcos mais maduros com zonas de raízes plutónicas expostas.

A composição química das sequências sedimentares de greywackes - lamas do vulcão examinado - é aqui utilizada em reconhecimento da sua natureza e do tipo de bacia de deposição. Assim, a composição química dos clastos estudados sobrepõe-se à dos clastos do vulcão ativo margens de arcos continentais.

Os ***metavulcânicos*** estão intimamente intercalados com os metassedimentos, ou podem formar
afloramentos mapeáveis separados. Trata-se geralmente de diques e corpos de tipo silicioso, que são frequentemente concordantes com os xistos, os greywackes e os tufos. Os afloramentos cartografáveis mais importantes apresentam-se sob a forma de intrusões menores, como cinturões maciços de cor verde acinzentada ou cinzenta escura e textura de grão fino. As rochas que formam estas faixas são identificadas como meta-andesitos, metabasaltos ou andesitos basálticos, com dacitos menos abundantes, riodacitos e raros traquitos associados aos seus tufos equivalentes. Texturalmente, estas rochas são caracterizadas por texturas porfiríticas, intergranulares, ofíticas - subofíticas e traquíticas. São também registadas texturas intersertal e variolítica. As rochas estão altamente deformadas com efeitos cataclásticos, como revelam as sombras de deformação nos grãos de quartzo e a dobragem das lamelas de plagioclásio. As rochas foram submetidas a graus fracos e moderados de metamorfismo, geralmente de fácies xisto verde.

Procurou-se classificar petroquimicamente as metavolcânicas analisadas. As amostras estudadas pertencem à série normal de calcário - rochas alcalinas e subalcalinas - representando basaltos, andesitos, dacitos e riodacitos. Registam-se também membros de transição, como traquibasaltos e traquidandesitos, indicando um certo grau de metassomatismo potássico.

A partir da geoquímica de elementos maiores e vestigiais, foi possível equiparar as metavulcânicas estudadas a uma série alcalina calcária com rochas subalcalinas ocupando uma posição intermédia no espetro composicional da série da Zona Supra-Benioff situada entre as rochas do arco insular.
série eiitica, por um lado, e várias séries de basaltos alcalinos, por outro. Os metavulcânicos estudados pertencem principalmente a rochas vulcânicas de arco insular maduras.

Os ***xistos*** formam excelentes afloramentos ao longo dos diferentes wadis da área estudada. Formam normalmente cinturas lineares de altura moderada e declives bastante acentuados. São rochas geralmente cinzentas a verde-escuras, de grão médio, caracterizadas por serem bem foliadas e clivadas.

O estudo petrográfico mostra que existem diferentes tipos de xistos, tais como clorite, clorite-calcite, epidoto-calcite, biotite-clorite, grafite, hornblenda- biotite, clorite-talco, talco e tremolite-actinolite. Encontram-se também xistos de seixos. Representam sedimentos de seixos metamorfoseados regionalmente e rochas clásticas vulcânicas.

A composição química dos xistos foi avaliada em ligação com os metagreywackes estudados (incluindo meta - mudstones) e os metavulcânicos. Uma sobreposição entre a composição dos xistos, dos metagrauvaques e dos metavulcânicos nos vários diagramas petroquímicos utilizados, indicou uma possível origem parental comum ou um protólito comum misto. A abundância de elementos vestigiais nos xistos estudados mostrou que eles estão mais relacionados com rochas parentais vulcano-clásticas.

REFERÊNCIAS

Abdel - Khalek, M. L., 1979. Evolução tectónica das rochas do subsolo no sul e

deserto oriental central do Egito. I.A.G. Bull. V. 1, no. 3, pp. 53 - 62.

Akaad, M. K., e Noweir, A. M., 1969. Litoestratigrafia do Hammanat Um Seleimat

distrito, Deserto Oriental, Egito. Natureza, V. 223 no. 5203, pp. 284 - 285.

Akaad, M. K., e Noweir, A. M., 1980. Geologia e litoestratigrafia do deserto da Arábia

cintura orogénica do Egito entre as latitudes 25° 35' e 26° 30' N. I.A.G. Bull. V. 4, no. 3, pp.

127 - 135.

Amin, M. S., 1955. Geologia e depósitos minerais do lençol de Um Rus. Geo 1. Surv. Egito.

Andrew, G., 1939. The Greywackes of the Eastern Desert of Egypt. Bul 1. Inst. Egito, Le Caire,

no. 21, pp. 153 - 190.

Awadallah, M. F., e Kamel, O. A., 1979. Petrologia e geoquímica do Gebel Kadabora EL -

Maciço granítico de Hamra-Gabal Abu Dob, deserto oriental central, Egito. Egito. J. Geol. 25,

N.º 1 -2, pp. 49 - 66.

Ball, J., 1912. The geography and geology of the south Eastern Desert, Cairo, 34 p.

Bhatia, M. R., 1981. Petrologia, geoquímica e configuração tectónica de alguns depósitos de flysch.

Não publicado. Tese de doutoramento, Universidade Nacional Australiana, Camberra, 382 p.

Bhatia, M. R., 1983. Tectónica de placas e composição geoquímica de arenitos. J., Geologia
V. 91, no. 6, PP. 611 - 627.

Burri, C., 1964. Petrochemische Berechungsmf methoden Auf Aquivalenter crandlage;
Birkhauser veriage, Basileia Suíça, 324 p.

Cady, W. M., 1975. Configuração tectónica das rochas vulcânicas do Terciário da Península Olímplica,
Washington, E.U.A., Geol. Surv. Jour. Res. V. 3, pp. 573 - 582.

Conoco Coral, 1987. Mapa Geológico do Egito. 1:500,000.

Crook, K. A., 1974. Litogénese e Geotectónica: O significado das variações composicionais
em flysch arenites (greywackes). Em Dott. R. H., and Shaver, R. H.: Modern and ancient geosynclinal sedimentation. SEPM Spec. Pub., V. 19, pp.304-310.

Dickinson, W. R., e Suczek, C. A., 1979. Tectónica de placas e composições de arenitos. AAPG
Bull., V. 63, no. 12, PP. 2164 - 2182.

Dickinson, W. R., Beard, L. S., Brakenridge, G. R., Erigavec, J. L., Ferguson, R. C., Inman, K. F.;
Knepp, R. A., Lindberg, F. A., e Ryberg, P. T., 1983. Proveniência do arenito Fanerozoico Norte-Americano em relação à configuração tectónica. Geol. Soc. America Bull, V. 94, pp. 222 - 235.

EL - Bayoumi, R. M. A., 1980. Ophiolites e rochas associadas de Wadi Ghadir, a leste de Gebel
Zabara, Deserto Oriental, Egito. Tese de doutoramento, Universidade do Cairo, 227 p.

EL- Bayoumi, R. M. e Hassanein, S. M., 1986. Complexo de Ofiolito - Melange, Wadi Mubarak

Área, Deserto Oriental. International Basement Tectonics Association, Publ. 5, pp. 45 - 52, Utah, U.S.A.

EL - Gaby, S., List, F. K., Tehrani, R., 1988. Geologia, evolução e metalogénese do Pan-

O cinturão africano no Egito. In: A Cintura Pan-Africana do Nordeste de África e Áreas Adjacentes. Eds: EL - Gaby, S. e Greiling R. 0. Friedr. Vieweg & Sohn, Wiesbaden, W. Alemanha, pp. 17 - 68.

EL - Mahallawi, M. M., 1984. Petrologia e geoquímica das rochas intrusivas de Um Rus

área, deserto central oriental, Egito. Tese de doutoramento, Universidade EL-Minia, Minia, Egito.

EL - Ramly, M. F. e Akaad, M. K., 1960. O complexo basal no deserto central oriental

do Egito, entre as latitudes 24° 30' e 25° 40' N, Geol. Surv. Egito. Paper No. 8, 24 p.

EL - Ramly, M. F., 1972. Um novo mapa geológico para as rochas do subsolo nas regiões Leste e Sul do Brasil.

Deserto Ocidental do Egito. Annals of the Geological Survey of Egypt, II, PP. 239 - 250.

EL - Shazly, E. M., 1964. Sobre a classificação do Pré-Cambriano e de outras rochas de origem magmática

filiação no Egito. Intern. Geol. Congr. Índia.

EL - Shazly, E. M., 1980. Correlação e evolução do Pré-Cambriano no nordeste de África e

sudoeste da Ásia. Earth- Sci. Rev., V.16, pp. 203 - 312.

Engel, A. E. J., Dixon, T. H. e Stern, R. J., 1980. Evolução pré-cambriana tardia da região Afro-Árabe

Crosta do arco oceânico ao cráton. Geol. Soc. Bull. 91, pp. 699 - 706.

Frolov e Petrov, 1985. Diagrama de classificação para rochas vulcânicas; In: Evrimova e Stafaev

(1985). Petrochemical Methods in Rock Research. Nedra, Moscovo.

Garson, N. S. e Shalaby, I. M., 1976. Tectónica de placas do Pré-Cambriano e do Paleozoico inferior e

metalogénese na região do Mar Vermelho: Spec. Pap. Geol. Ass. Can., V. 14, pp. 573 - 596.

Gass, I. G., 1977. A evolução do embasamento cristalino pan-africano no NE de África e

Arábia; Jour. Geol. Soc., Londres, v. 134, pp. 129 - 139.

Glassely, W., 1974. Geoquímica e tectónica das rochas vulcânicas recentes, Olymbic

Peninsula, Washington; Geol. Soc. Anerican Bull, V. 85, pp. 785 - 794.

Harker, A., 1909. The natural history of igneous rocks. Macmillan, Nova Iorque.

Hashad, A. H. e Hassan, M. A., 1979. Sobre a validade da aplicação de um arco de ilha

modelo de cratonização da evolução do escudo egípcio. Ann. Geol. Surv. Egito. 9, pp. 70 - 73.

Hughes, C. J., 1982. Igneous Petrology. Elsevier, Nova Iorque.

Hume, W. F., 1934. Geology of Egypt. V. II, Parte I. As rochas metamórficas. Geol. Surv. of Egypt,

293 p.

Irvine, I. N. e Baragar, W. R. A., 1971. Um guia para a classificação química das plantas comuns
rochas vulcânicas, Can. Jour. Earth Sci., V. 8, pp. 523 - 548.
Jakes, P. e I. E. Smith, 1972. Hornblendes de rochas vulcânicas calcárias - alcalinas de arcos de ilha
e margens continentais, Am. Mineral, V. 57, pp. 887 - 902.
Jakes, P. e White, A. J. R., 1972. Abundâncias de elementos maiores e vestigiais em rochas vulcânicas de
áreas orogénicas, Bull. Geol. Soc. Amer. 83, pp. 29 - 40.
Jha, M., 1971. Geoquímica das armadilhas de Dalma. Tese de doutoramento, Universidade de Patna, Patna. Índia.
Kabesh, M. L., M. E. Hilmy, e A. M. Bishady, 1967. Geologia das rochas do subsolo, no
área em torno da mina de ouro Um Rus, Deserto Oriental, J. Geol., UAR, V. II, по. 2, pp. 49 - 93.
Kamel, O. A., Hilmy, M. E. e Niazy, E. A., 1977. Origem dos depósitos de minério de ferro pré-cambrianos de
Wadi Kareim, Deserto Oriental, Egito. Bull. NRC, Egito 2, pp. 401 - 413.
Kamel, 0. A.; EL - Bakry, A.; EL- Mahallawy, M.; Balogh, K. & Arva-Sos, E., 1983. Abs. 5th
Intern. Conf. Basement Tectonics, Cairo, p. 31.
Kröner, A., 1979. Tectónica de placas pan-africana e sua interpretação na crosta do nordeste de África
África. Geol. Rund. 68, pp. 565-583.
Kuzmin, M. I., e Popolitov, E. I., 1978. Petrogénese e caraterísticas geoquímicas do magmatismo
em arcos de ilhas e margens continentais activas. Geochemistry International pp. 39 - 63; trans. De Geokhimlye, 5, PP. 691 - 699.

La Roche, H. De, 1968. Comportamento geoquímico diferencial de Na, K e Al nos
formações vulcânicas e sedimentares: um guia para o estudo das formações metamorfogénicas e plutonogénicas - C. R. acad. Sc. Paris ser. D., t. 26, N I, pp. 39 - 42.

La Roche, H. De, Rocci, G., e Juteau, Th., 1974. Essai de caracterisation chimique des
associações espíritas. In : Amstutz, G. G (Ed.). Spilites and Spilitic Rocks Inter. União de

Geol. Sc., Series A; No. 4, Springer Verlag, Berlin, pp. 39 - 58.

Maynard, J. B., Valloni, R. e Yu. H., 1982. Composições de areias modernas de mar profundo do arco
bacias relacionadas. Geol. Soc. London Spec. Pub. 10, PP. 551 - 561.

Middleton, G. V., 1960. Composição química dos arenitos. Geol. Soc. Amer. Bull., V. 71, pp.
1011 - 1026.

Miyashiro, A., 1973. Metamorphism and Metamorphic Belts. George Allen & Unwin, Londres.

Miyashiro, A., 1975. Série de rochas vulcânicas e configuração tectónica; Annu. Rev. Earth planet. Sci, V. 3,
pp. 251 - 270.

Nance, W. B. e Taylor, S. R., 1977. Padrões de elementos de terras raras e evolução crustal, II.
Rochas sedimentares arqueanas de Kalgoorlie, Austrália. Geochim. Cosmochim. Ata, 41: pp. 225 - 231.

Naseef, A. 0., Bakor, A. R. & Hashad, A. H., 1980. Petrografia de possíveis rochas ofiolíticas ao longo de o Qift - Quseir, Deserto Oriental, Egito. Bula do I.A.G., Jaddah. 3, pp. 157 - 168.

Neelov, A. N., 1980. Classificação Petroquímica de Metamórficos, Sedimentares e Vulcânicos

rochas. Nauka, Leningrado (em russo).

Niazy, E. A., EL-Bakry, A. e Kamel, O. A., 1984. Petrografia e petroquímica de Wadi

Formação de rolamento de ferro de Kareim, Deserto Oriental, Egito.

Niggli, P., 1954. Rocks and Mineral Deposits. Freeman, São Francisco.

Pettijohn, F. J., 1963. Composição química dos arenitos - excluindo carbonato e vulcânica

areias. In : Dados de Geochem. U.S. Geol. Surv. Prof. Paper 440 - S, p. 19.

Pettijohn, F. J., Potter, P. E., e Siever, R., 1972. Sands and Sandstones. Springer. Verlag,

Berlim, p. 618.

Ridley, W. I., Rhodes, J. M., Reid, A. M., Jakes, P., Shih, C. & Bass, M.,1974. Basaltos de log δ de

o projeto de perfuração do mar profundo. Jour. of Petrology, V. 15, pp. 140 - 159.

Ries, A. C., Shackleton, R. H., Graham, R. H. e Fitches, w. R., 1983. Estruturas pan-africanas,

ophiolites e melange no deserto oriental do Egito: uma travessia a 26⁰ N. Jour. Geol. Soc. Am. V. 140, Parte I, pp. 75 - 95.

Roser, B. P., Korsch, R. J., 1986. Determinação da configuração tectónica de arenitos e lamas utilizando o teor de SiO_2 e o rácio $K_2 O$ / $Na_2 O$. J., Geology, V. 94, pp. 635 - 650.

Sabet, A. H., 1961. Geologia e depósitos minerais da área de Gebel EL - Sibai, colinas do Mar Vermelho, Egito.

Tese de doutoramento da U.A.R., Universidade Estatal de Leiden, Países Baixos.

Sabet, A. H., 1972. Sobre a estratigrafia das rochas basais do Egito. Annals Geol. Surv.

Egito. V. II, Cairo.

Sabet, A. H., Isogoev, V. B., Bessonenko, V. V. & Babourin, L. M., 1973. Mapa geológico da região de

deserto oriental central do Egito. Anais do Serviço Geológico do Egito; V. 3.

Schwab, F. L., 1975. Mineralogia de estrutura e composição química da margem continental-

arenito tipo. Geol. Soc. Aner. Bull., v. 3, pp. 487 - 490.

Shackleton, R. M., Ries, A. C., Graham, R. H. e Fitches, W. R., 1980. Ophiol-

melange itic no deserto oriental do Egito. Nature, 285, pp. 472 - 474.

Shukri, N. M., EL - Shazly, E. M., e Sabet, A. H., 1959. O depósito de minério de ferro de Umm Ghamis

EL- Zarqa, Deserto Oriental, Egito. Jour. Geol., III, No. 2, PP. 123 - 146.

Smith, C. H., e I. S. E. Carmichael, 1968. Lavas quaternárias das Cascatas do Sul,

Western U.S.A., Contrib. Mineral. Petrol., Vol. 19, pp. 212 - 238.

Stern, R. J., 1981. Petrogénese e configuração tectónica dos vulcões ensimáticos do Pré-Cambriano tardio

rochas, CED do Egito. Precambrian Res. ,16, pp. 195 - 230.

Streckeisen, 1976. Classificação das rochas ígneas comuns em função da sua composição química

composição, uma tentativa provisória. N. Jb. Mineral, V. 1, pp. 1-115.

Taylor, S. R., 1964. Abundância de elementos químicos na crosta continental, uma nova tabela.

Geochim. Cosmochim. Ata 2, pp. 1273 - 1284.

Taylor, S. R., 1966. A aplicação de dados sobre elementos vestigiais a problemas de petrologia. Física

e Chem. of the Earth. 6, pp. 135 - 213.

Taylor, S. R., e Melennan, S. M., 1985. The geochemistry of strontium. Cosmochem. Ata, V.

70, pp. 245 - 296.

Taylor, S. R., 1972. In: Element Abundances in the Earth's Crust.

Turner, F. J. e Verhoogen, J., 1960. Igneous and Metamorphic Petrology Mc. Graw- Hill Book

Company, Nova Iorque.

Turner, F. J., 1981. Metamorphic Petrology, Mineralogic, Field and Tectonic Aspects. Mc. Graw-

Hill N. Y., p. 545.

Valloni, R. e Maynard, J. B., 1981. Modos detríticos de areias marinhas profundas recentes e sua relação

ao contexto tectónico : uma primeira aproximação. Sedimentologia, V. 28, pp. 75 - 33.

Van De Kamp, P. C., 1968. Geochemistry and origin of metasediments in the Haliburton.

Maroc- área, sul de Ontário - Can. J. Earth, Sci, 5, pp. 1337 - 1380; Ontário.

Weber - Diefenbach, K., 1976. Geoquímica e Metamorfose de Anfibólitos de
Greiner Schiefer- Serie (Zillertaler Alpen, Tirol) - Minerador Ischermak. Petrogr. Mitt., 23, pp. 1 - 22, Wien.

Yerino, N. L., e Maynard, J. B., 1984. Petrografia de areias marinhas modernas do Peru -
Fossa do Chile e áreas adjacentes. Sedimentologia, V. 31, pp. 83 - 89.

More Books!
yes

MIX
Papier aus verantwortungsvollen Quellen
Paper from responsible sources
FSC® C105338

Printed by Books on Demand GmbH, Norderstedt / Germany